国家出版基金项目
NATIONAL PUBLICATION FOUNDATION

"十三五"国家重点出版物出版规划项目
偏振成像探测技术学术丛书

浑浊介质中主动偏振成像技术

朱京平　田　恒　余义德
李浩翔　胡　桥　侯　洵　著

科学出版社
北　京

内 容 简 介

雾霾、浑浊海水、生物组织等统称浑浊介质。当光在浑浊介质中传输时，会受到介质中粒子吸收和散射等作用，导致成像距离变短、图像变模糊。本书是第一部基于介质光和目标光偏振特性差异，系统研究浑浊介质中目标清晰化成像的主动偏振成像技术论著，集中展示团队关于偏振光在浑浊介质中的传输过程及特性、偏振差分成像、距离选通偏振差分成像技术方面的研究与改进，并通过研究光偏振态和浑浊介质光学特性对成像质量的影响，揭示有关成像规律。

本书可作为光学、光学工程、电子信息、光信息科学与技术等专业高年级本科生和研究生的教材，也可供相关领域研究人员和工程技术人员参考。

图书在版编目（CIP）数据

浑浊介质中主动偏振成像技术/朱京平等著. —北京：科学出版社，2022.5

（偏振成像探测技术学术丛书）

"十三五"国家重点出版物出版规划项目　国家出版基金项目
ISBN 978-7-03-072117-4

Ⅰ. ①浑…　Ⅱ. ①朱…　Ⅲ. ①偏振光–光反射–成像处理　Ⅳ.
①TN911.73

中国版本图书馆 CIP 数据核字（2022）第 064380 号

责任编辑：魏英杰 / 责任校对：崔向琳
责任印制：师艳茹 / 封面设计：陈　敬

科学出版社 出版
北京东黄城根北街 16 号
邮政编码：100717
http://www.sciencep.com

中国科学院印刷厂印刷

科学出版社发行　各地新华书店经销

*

2022 年 5 月第　一　版　　开本：720×1000　B5
2022 年 5 月第一次印刷　　印张：13 1/2
字数：269 000

定价：**128.00** 元
（如有印装质量问题，我社负责调换）

"偏振成像探测技术学术丛书"序

信息化时代大部分的信息来自图像,而目前的图像信息大都基于强度图像,不可避免地存在因观测对象与背景强度对比度低而"认不清",受大气衰减、散射等影响而"看不远",因人为或自然进化引起两个物体相似度高而"辨不出"等难题。挖掘新的信息维度,提高光学图像信噪比,成为探测技术的一项迫切任务,偏振成像技术就此诞生。

我们知道,电磁场是一个横波、一个矢量场。人们通过相机来探测光波电场的强度,实现影像成像;通过光谱仪来探测光波电场的波长(频率),开展物体材质分析;通过多普勒测速仪来探测光的位相,进行速度探测;通过偏振来表征光波电场振动方向的物理量,许多人造目标与背景的反射、散射、辐射光场具有与背景不同的偏振特性,如果能够捕捉到图像的偏振信息,则有助于提高目标的识别能力。偏振成像就是获取目标二维空间光强分布,以及偏振特性分布的新型光电成像技术。

偏振是独立于强度的又一维度的光学信息。这意味着偏振成像在传统强度成像基础上增加了偏振信息维度,信息维度的增加使其具有传统强度成像无法比拟的独特优势。

(1) 鉴于人造目标与自然背景偏振特性差异明显的特性,偏振成像具有从复杂背景中凸显目标的优势。

(2) 鉴于偏振信息具有在散射介质中特性保持能力比强度散射更强的特点,偏振成像具有在恶劣环境中穿透烟雾、增加作用距离的优势。

(3) 鉴于偏振是独立于强度和光谱的光学信息维度的特性,偏振成像具有在隐藏、伪装、隐身中辨别真伪的优势。

因此,偏振成像探测作为一项新兴的前沿技术,有望破解特定情况下光学成像"认不清""看不远""辨不出"的难题,提高对目标的探测识别能力,促进人们更好地认识世界。

世界主要国家都高度重视偏振成像技术的发展,纷纷把发展偏振成像技术作为探测技术的重要发展方向。

近年来,国家 973 计划、863 计划、国家自然科学基金重大项目等,对我国偏振成像研究与应用给予了强有力的支持。我国相关领域取得了长足的进步,涌现出一批具有世界水平的理论研究成果,突破了一系列关键技术,培育了大批富有创新意识和创新能力的人才，开展了越来越多的应用探索。

　　"偏振成像探测技术学术丛书"是科学出版社在长期跟踪我国科技发展前沿，广泛征求专家意见的基础上，经过长期考察、反复论证后组织出版的。一方面，本丛书汇集了本学科研究人员关于偏振特性产生、传输、获取、处理、解译、应用等方面的系列研究成果，是众多学科交叉互促的结晶；另一方面，本丛书还是一个开放的出版平台，将为我国偏振成像探测的发展提供交流和出版服务。

　　我相信这套丛书的出版，必将为推动我国偏振成像研究的深入开展做出引领性、示范性的作用，在人才培养、关键技术突破、应用示范等方面发挥显著的推进作用。

王家骐

二○一九年十一月廿八日

前　言

　　雾霾、浑浊海水、生物组织等统称浑浊介质。成像探测技术对于更好地认识海洋、动物、植物、人类、大气环境，保障国计民生与国家安全等具有重要意义。光学成像因其具有非接触、无辐射等优势，成为成像探测的重要手段。但是，光在浑浊介质中传输时，会受到介质中粒子的吸收、散射等作用，导致成像距离变短、图像变模糊。其中，光吸收导致的成像质量下降问题已得到较为全面、成熟的研究。如何去除介质散射光的影响，提高浑浊介质中的目标探测与识别能力，已成为当前国际光学成像探测领域的重要热点问题。

　　一方面，偏振光在浑浊介质中的传输距离常常大于非偏光，对于提高成像探测距离很有吸引力；另一方面，当光在浑浊介质中传输时会发生偏振态改变，如果能有效捕捉这种改变，则可大大提高成像清晰度。因此，偏振成像成为提高浑浊介质中目标成像探测效果的一类重要方法。这类方法利用偏振光照射兴趣区域，基于介质光和目标光偏振特性差异来提高目标成像探测效果，因此备受关注。

　　近十余年来，作者团队一直进行浑浊介质中的偏振成像探测研究，特别是在主动偏振成像探测方法方面展开了系统研究，主要包括偏振光在浑浊介质中的传输过程及特性，偏振差分成像、距离选通偏振差分成像技术的研究与改进，并通过研究光偏振态和浑浊介质光学特性对成像质量的影响，揭示有关成像规律。

　　本书共6章。第1章为绪论；第2章研究偏振光及其在浑浊介质中的传输；第3章针对基于光传输模型的偏振成像方法适用于散射目标、均匀照射的情况，开展考虑目标偏振特性、非均匀光照明情况下的偏振成像研究；第4章针对现有偏振差分成像时效性低的问题，提出快速偏振差分成像、光矢量方向调控的偏振差分成像两种高时效性偏振差分成像方法；第5章开展距离选通偏振差分成像研究；第6章利用蒙特卡罗(Monte Carlo)模拟分析浑浊介质中光偏振态和浑浊介质光学特性对偏振成像质量的影响规律。

　　本书相关的研究工作得到国家自然科学基金重大项目"多维度高分辨信息获取方法与机制研究"(61890961)、"海洋监测多维高分辨光学成像理论与方法"(61890960)，国家安全重大基础研究计划项目"×××偏振成像探测基础问题研究"(613225)，国家重大科研仪器研制项目"面向恶劣条件下飞机降落视觉辅助的多谱段偏振成像仪器"(62127813)，陕西省自然科学基础研究计划"浑浊介质中的主动偏振成像机制研究"(2018JM6008)等的资助，在此表示衷心感谢！

　　本书主要由西安交通大学朱京平教授、胡桥教授、孙剑副教授，中国人民解放军 91550 部队余义德高级工程师，以及田恒博士、李浩翔博士、管今哥博士，在长春理工大学姜会林院士支持及指导下完成。本书的出版得到侯洵院士，以及丛书各位编委、相关关单位同行给予的支持与帮助，再次一并表示感谢！最后，特别感谢国家出版基金项目、"十三五"国家重点出版物出版规划项目对本书的支持！

　　限于作者水平有限，书中难免存在不妥之处，敬请读者批评指正！

作　者

目　　录

第1章 绪 论

1.1 浑浊介质定义及分类

光在一种介质中传播时，若介质中不存在异质体，即介质均匀，那么光线将遵循光的直线传播规律。但是，在大气、湖水等其他存在微小颗粒的介质中，光线将不再沿直线传播，而是向周边发散传播。这类能导致光散射现象的折射率非均匀性介质常被定义为浑浊介质，也称散射介质[1]。

浑浊介质包括多种不同的存在形式，主要可以分为以下4类。

① 气体中混有微小液滴，如雾。

② 气体中混有固体微粒，如霾。

③ 液体中混有固体微粒，称为悬浊液。

④ 液体中混有另一种液体的微小液滴，称为乳剂。

我们将前两类气态浑浊介质统称为雾霾或气溶胶。后两类液态浑浊介质的典型代表分别为海水和生物组织。

雾是由大量悬浮在近地面空气中的微小水滴或冰晶组成的气溶胶系统，多出现于秋冬季节，是近地面层空气中水汽凝结(或凝华)的产物，会降低能见度。目标物水平能见度降低到1000米以内的称为雾，1000～10000米的称为轻雾或霭。由于液态水或冰晶组成的雾散射的光与波长关系不大，因此雾看起来呈乳白色、青白色、灰色。霾也称灰霾(烟雾)，是空气中混有灰尘、硫酸、硝酸、有机碳氢化合物等固体粒子造成的大气浑浊现象。频发的雾霾会对民众的身体健康、正常生活和社会的经济发展等造成严重影响。

海洋覆盖超过70%的地球表面，一方面，海洋具有丰富的资源；另一方面，海洋是我国对外贸易，特别是石油等重要战略资源进口的主要通道。因此，海洋维系着我国诸多重大安全和发展利益。保卫国家海洋安全、维护海洋权益、保障海洋通道及重大海外利益，都离不开精准的海洋监测。对海洋目标进行实时追踪定位，以及对海洋矿物石油等资源进行勘探时，水下视觉能见度会随海水深度的增加而不断下降，严重影响追踪定位目标的精度和资源探勘的效率。

生物组织是由不同大小、不同成分的细胞和细胞间质组成的浑浊介质。生物组织中的病变，特别是肿瘤等重大疾病对人民生命安全造成了重大威胁。以食管癌为例，若早期得到诊断，则手术切除率100%、5年存活率高达90%，而中晚期手术治疗远期疗效都很差，5 年存活率<30%。光学成像法具有非接触、无辐射等优势，是生物组织内病变区域影像检测的重要手段，但成像时散射光与反射光叠加到一起会严重影响影像质量，导致诊断准确率难以满足要求。

可见，研究光在浑浊介质中的传播特性，提高浑浊介质中的光学成像质量，对于诊断重大疾病，保障人民的身体健康和生命安全；探测与开发海洋资源，促进海洋经济发展；探测识别目标，维护海洋权益与安全等国计民生和国家安全问题至关重要。

1.2 为什么要研究浑浊介质中的偏振成像

当光在浑浊介质中传输时，会受到介质中粒子吸收和散射等作用的影响。

光吸收是光通过浑浊介质时与其发生相互作用，光能量被部分地转化为其他能量形式的物理过程。吸收作用使光能量降低，图像亮度减弱，同时，不同波长的光吸收不同，还会引起颜色畸变。若浑浊介质对光仅存在吸收作用，则通过增加光源强度或者选择感光度和敏感度较高的探测器，根据吸收谱线进行颜色校正提高图像质量。

当光线通过浑浊介质时，介质中的微小粒子(异质体)或分子对光的作用使光线偏离原来的传播方向而向四周传播。这样从侧面也可以看到光的存在，这就是我们所知的散射现象。被散射的介质光与目标光叠加在一起，会造成图像分辨率降低，目标与背景之间对比度、信噪比下降，使成像质量变差。

针对光吸收导致的成像质量下降问题，国际上已经有较为全面成熟的系列研究，不作为本书主要关注点。如何去除介质散射光的影响，提高浑浊介质中的目标探测、成像与识别能力已成为国际光学成像探测领域的重要热点问题，这是本书的主要研究内容。

目前，基于光散射特性提高目标光学探测识别能力的方法主要可以分为图像处理方法和物理方法。

图像处理方法通过信息挖掘增强图像特征，主要有超分辨率重建技术[2-5]、图像融合技术[6,7]、图像增强处理技术[8,9]、图像复原[10,11]和相干光学成像[12]等。该类方法能够对浑浊介质中的目标图像进行快速去散射处理，有效提高浑浊介质中目标识别与探测能力，但是受源图影响大，还会损失许多目标细节信息，导致图像失真。

物理方法是基于光与浑浊介质和目标的相互作用，分析介质散射和吸收特性对成像质量影响的物理机制，利用物理手段将介质光与目标光分离，在全面保持目标有效信息的同时，凸显目标原有特征，进行浑浊介质中目标的识别与探测，实现图像对比度提高。因此，物理方法不但能够有效进行浑浊介质中目标的识别与探测，而且能够全面保持目标有效信息、凸显目标原有特征。一般认为，探测器接收到的光线主要包含三部分，即包含目标信息的有效光(目标光)、目标前向散射光和介质后向散射光(介质光)。其中，目标前向散射光和介质光构成背景光，共同导致图像对比度降低。研究者根据这三类光线在浑浊介质中的传输速度、传输频率和传输路径等方面的差异，提出多种成像方式进行目标探测，如克尔成像[13-15]、距离选通成像[16]、条纹管成像[17]、3D成像[18,19]、光谱成像[20]和偏振成像[21-24]等。偏振成像方法由于穿透能力强、增加信息维度、提高目标与背景对比度等优势，受到学者的广泛关注。

偏振成像技术不仅能获取普通光学成像所能得到的强度和空间信息，还能获取额外的偏振信息。实际上，由于任何物体都有其独特的偏振特性，因此光的偏振信息最早被用于生物组织成像[25-27]。当偏振光在生物组织中传输时，介质散射作用会改变入射光的偏振态，因此可用偏振信息表征生物组织特性，从而使偏振成像能够广泛地应用到生物工程领域。同样，偏振成像也可用来进行传统强度成像难以区分的海水、雾霾等浑浊介质中的目标探测识别。因此，偏振成像是提高各种浑浊介质中的光学成像效果的重要手段，发展潜力巨大。

1.3　浑浊介质中偏振成像方法研究现状

为了将光的偏振信息用于浑浊介质中的目标探测，国内外的科研工作者开展了大量有关研究，取得诸多成就，提出多种有效提高浑浊介质中目标成像效果的偏振成像方法。概括来讲，这些方法可以分为四类：第一类是根据光在浑浊介质中传输的物理模型，估算介质光，解算目标光，称作基于偏振去散射物理模型的偏振成像；第二类是基于介质光和目标光偏振特性差异的偏振成像方法，如偏振选通成像、偏振差分成像、偏振度成像等；第三类是基于目标与介质本身偏振特征的穆勒(Mueller)矩阵成像；第四类是基于偏振光在散射介质中传播过程的蒙特卡罗(Monte Carlo)数值模拟进行光子分类及成像识别的方法。下面分别介绍这四大类方法的国内外研究现状。

1.3.1　基于光散射模型的偏振成像方法

基于光散射模型的偏振成像方法基于 Schechner 等建立的光线在大气中的散射模型，利用光的偏振特性降低大气中薄雾对成像质量影响的偏振滤波方法[28]。该方法通过分析雾天成像过程中光线的偏振效应，构建了经典的雾天偏振成像模型，如图 1.1 所示。

该模型假设雾霾图像主要由大气光(由雾霾环境造成的光)和目标光(携带目标信息的光)组成。大气光是造成雾霾中目标图像质量下降的主要原因。通过获取成

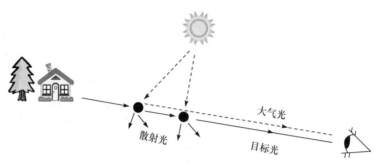

图 1.1　雾天偏振成像模型

像效果最优和最劣两幅图像，计算大气光的偏振度、光强，以及大气透过率，从而消除介质光，反解获得清晰的目标图像，同时获得目标的深度信息。随后该课题组对模型中存在的一系列问题进行了优化[29]，利用液晶调制器代替旋转偏振片增加系统的鲁棒性，提出一种自动获取大气光参数的算法，并根据大气光分布连续性修正并滤除反射目标区域的大气光，可有效提高雾霾中反射目标的成像质量。

张晓玲等采用全图取单一值的方法估算大气透过率函数，并利用图像中最远的景物点处的光强度值估算大气辐射强度，简化了 Schechner 提出的雾天偏振成像模型，有效避免了复杂的矩阵运算，使运算速度大幅提高，但是改进后的模型计算出的偏振度值精确性降低，容易使图像局部位置颜色失真[30]。

Mudge 和 Virgen 在分析了 Schechner 的成像方法后，指出在利用该方法进行目标探测时需要旋转检偏器来寻找两个最佳偏振态方向不利于实际应用。为此，他们借助 Stokes 矢量，并通过计算，获得大气光的光强随偏振方向角的分布曲线 (图 1.2)，进而选出最佳的偏振方向，有效地避免了实际操作中获取正交偏振图像时拍摄方向难以确定的问题，提高了算法的适用性[31]。

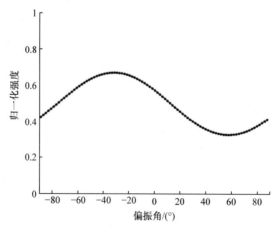

图 1.2　光强随偏振方向角的分布曲线

王勇等提出一种通过任意三幅偏振图像获取 Stokes 参数,并估算大气光强度,从而有效改善薄雾天气下景物视觉效果的方法[32]。该方法操作简单,普适性强,有利于工程应用。

基于光散射模型的偏振成像在应用时有一个前提假设,即只考虑空气光的偏振特性,而忽略目标光的偏振特性。因此,该方法并不适用于目标光偏振特性不可忽略的实际场景,特别是目标光的偏振特性强于空气光的场景。例如,若获取的场景包含湖水等反射性目标,由于光在湖水表面发生近似镜面反射,反射光的偏振特性强于背景光的偏振特性,此时该方法不再适用。为此,方帅等通过理论和统计样本分析,综合考虑目标光和大气光的偏振信息来恢复场景信息,利用协方差来计算获得目标的偏振度,同时为了降低场景中的人工目标对目标偏振度的影响又对目标的偏振度进行优化,提出改进的 Schechner 雾天偏振成像模型[33],获得的场景图像如图 1.3 所示。可见,考虑目标偏振度之后,成像质量得到了明显提高,获得的场景更加接近真实场景。

(a) 考虑目标偏振特性前　　　　　　　　　(b) 考虑目标偏振特性后

图 1.3　场景图像

邵晓鹏等在该方面开展了系列探索,针对在偏振成像实验中最优正交子图像(最亮图像与最暗图像)的精准选择对目标图像的复原至关重要这一问题,提出基于光学相关的主动偏振成像技术,通过 VLC(Vander Lugt correlator,范德尔卢格特相关器),利用频谱变换自动判别两幅正交子图像的相关性,实现了最优正交子图像的精准计算选取,避免了以往人眼视觉选取的误差,对偏振相机成像效果的内部优化具有很好的辅助作用;在偏振成像实验装置优化基础上,充分考虑偏振成像的固有噪声问题,同时考虑目标与背景偏振度对于图像重建对比度的影响[34],探究正交子图像噪声差对于最终目标图像重建噪声的影响规律。图像噪声的放大倍数随背景偏振度与目标偏振度变化曲线如图 1.4 所示。

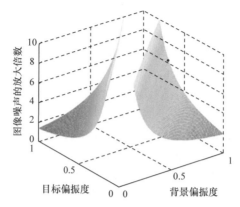

图 1.4 图像噪声的放大倍数随背景与目标偏振度变化曲线

在偏振抑制后向散射光的基础上，Han 等提出前向散射光导致图像对比度下降的退化模型[35]，通过刀刃法选取合适的图像区域计算边缘扩展函数(edge spread function，ESF)，进一步递推线扩散函数(line spread function，LSF)，最终卷积得到点扩散函数(point spread function，PSF)，即前向散射退化函数，准确还原目标信号。图 1.5 所示为经前向散射抑制之后浑浊水体中羽毛球目标，与不经前向抑制处理的成像效果对比，可见图像质量得到明显改善。但是，该方法对原始图像的质量要求较高，适合经过偏振成像处理后目标图像的二次优化。

(a) 传统偏振成像   (b) 抑制前向散射后的成像

图 1.5 前向散射抑制前后图像成像效果对比

他们还以偏振成像设备得到的图像为数据样本，对雾霾或浑浊水下偏振图像进行小波变换，将图像分解为包含细节的高频部分与低频的背景轮廓部分，针对低频部分采用传统的偏振去雾模型进行处理，从而提取有效背景参量；针对高频细节丢失采用系数补偿的方式进行调节，高、低频部分经图像融合得到目标图像[36]。该方法针对背景与目标在图像中的频谱分布差异，采用不同的处理方法复原原始场景。基于小波变换高频系数补偿前后成像对比如图 1.6 所示。

(a) 传统偏振成像　　　　　　　　　　　(b) 高频系数补偿后偏振成像

图 1.6　基于小波变换高频系数补偿前后成像对比

　　Ren 等用偏振方向角估计模型中所需参量来计算目标信息，通过统计偏振方向角的分布，选取出现概率最大的偏振角复原图像[37]。随后该课题组又对偏振方向角的分布进行修正，使偏振角的统计结果更适用于目标复原[38]。基于偏振角分布的偏振成像与传统偏振成像对比如图 1.7 所示。在此基础上，他们对图像获取方法进行改进，利用 Stokes 参量消除雾霾对成像质量的影响[39]，将偏振成像与暗通道技术相结合实现成像探测[40]，借助偏振相机实现雾霾环境中目标的实时探测[41]，并将偏振成像与色度、饱和度和强度相互结合，提出能够在强度通道进行实时成像的偏振成像方法[42]。

(a) 传统偏振成像　　　　　　　　　　(b) 基于偏振角分布的偏振成像

图 1.7　基于偏振角分布的偏振成像与传统偏振成像对比

　　夏璞等对大气光的强度和偏振度进行修正,并总结出最佳校正系数选取规律,指导未知条件下的图像去雾，同时突破了偏振去雾模型仅限于可见光波段图像的问题，将成像波段扩展到近红外波段，并研究了去雾效果随波长的变化规律[43]。实验结果表明，在中重度雾霾天气下，近红外图像的清晰度高于可见光图像，且去雾前后图像对比度的提升程度随波长的增加而不断变大。这些结论为后续雾霾条件下的偏振光谱成像奠定了基础。

　　基于大气散射模型的偏振成像方法最初主要用于雾霾环境中目标的探测与识

别。后来，Schechner 等分析发现，光在海水中的传输过程，也可用和空气中相同的光传输散射模型(图 1.8)。

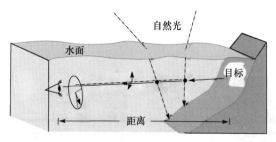

图 1.8　海水中光传输散射模型

强度成像和基于光散射的偏振成像[44]如图 1.9 所示。该课题组将该方法用于探测海水中目标时未考虑目标的偏振特性，因此在一定程度上限制了该方法的应用。

(a) 强度成像　　　　　　　　　　(b) 偏振成像

图 1.9　强度成像和基于光散射的偏振成像

Gilerson 等对该成像模型进行简化，并利用 Stokes 成像相机获得已知偏振信息的水下目标的清晰图像[45]。

Dubreuil 等分别对牛奶溶液中的塑料板、光滑金属，以及生锈金属进行了圆偏振和线偏振成像研究，并在此基础上根据光在浑浊介质中传输时偏振特性的变化规律提出一种漫反射目标去散射光物理模型，根据介质光与目标光偏振特性差异将两者分离，单独提取出目标光信息，从而复原目标信息[46]。

韩平丽等提出多尺度水下偏振成像方法，利用图像分层处理思想，结合小波变换的多尺度特性，对图像对比度高的基础层和对比度低但细节丰富的细节层分别进行处理，重建高对比度、高信噪比的清晰场景图像。实验结果表明，多尺度水下偏振成像方法不仅能够大幅度提高对比度、复原图像细节信息，还能够有效抑制放大噪声，提高重建图像的信噪比[47]。基于多尺度偏振成像与传统成像方法效果对比如图 1.10 所示。

 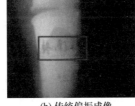 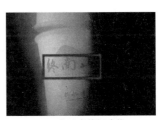

　　(a) 强度成像　　　　　　　　　　(b) 传统偏振成像　　　　　　　　　(c) 多尺度偏振成像

图 1.10　基于多尺度偏振成像与传统成像方法效果对比

　　该团队还针对水下偏振成像方法常忽略水体对光的吸收效应导致的图像存在严重色彩失真的问题，从水体中背景散射光的传输特性出发，分析场景深度信息与散射光的物理关系，提出浅海被动水下偏振成像探测方法。实验结果表明，该方法能够提供接近水下目标真实色彩、符合人眼视觉特性的清晰探测结果，提高水下成像探测能力[48]。

　　梁建等提出基于非偏振光照明的水下偏振成像目标增强技术，以确保目标反射光和背景光始终存在偏振态差异，提高水下图像的能见度与对比度。与基于线偏振光照明的水下偏振成像技术相比，该方法适用范围更广，图像恢复精度更高[49, 50]。

　　胡浩丰课题组基于天空光散射模型，充分考虑垂直与平行两种偏振态下目标的偏振信息，提出利用指数函数估算正交偏振态下目标区域强度与偏振分布的改进模型，构建基于最优图像的不等式组，利用计算机程序迭代寻找重建目标的最优解，并进行了固定在牛奶溶液中的金属币探测，获得的图像如图 1.11 所示，结果表明相对于强度成像该方法能够有效提高成像质量[51]。

　　　　(a) 强度成像　　　　　　　　　　　　　　　(b) 偏振成像

图 1.11　牛奶溶液中的金属币图像

　　该团队还探索了曲面拟合，针对仿真计算算法较为复杂，获取最佳成像效果的时间较长的问题，基于数字图像处理中非均匀背景拟合常见方法——多项式拟合，通过对偏振图像进行目标背景分割，由背景区域拓展目标区域杂散光的分布，代入改进后的偏振去雾模型得到滤除介质光之后的场景图像，发现图像细节增强测度(enhancement measurement error, EME)得到明显提高(图 1.12)，且算法更为简单，计算过程更为快捷[52]。该方法不但适用于高偏振度目标，而且对于低偏振度，甚至非偏振目标同样适用。

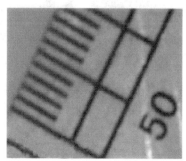

(a) 强度图像(EME=1.8)　　　　　　　　　　(b) 偏振图像(EME=8.2)

图 1.12　金属尺的强度图像和偏振图像

1.3.2　Mueller 矩阵成像

　　Mueller 矩阵是由 16 个元素组成的，从本质上描述物体偏振特征的矩阵，其不同的矩阵元素描述了物体不同的偏振特征，与入射光的偏振态无关。基于此，Mueller 矩阵被用来探测与识别浑浊介质中的目标[53-59]。

　　最早利用 Mueller 矩阵成像进行水下物体探测与识别的是美国得克萨斯大学的 Kattawar 研究团队。他们利用 Monte Carlo 模拟验证了 Mueller 矩阵能够有效地进行目标形状和目标组分的识别，矩阵对角元素在提高成像对比度时具有重要的作用，可以为水下伪装目标的识别提供依据[60]。随后，该团队进一步系统深入地分析了体散射函数、目标、介质的反射率对成像效果的影响，发现 Mueller 矩阵对角元素对周围环境更为敏感，并可通过组合 Mueller 矩阵元素凸显目标与背景间的差异[61]。美国得克萨斯大学的 Zhai 等利用 Mueller 矩阵成像对目标进行探测，发现水面反射的天空环境光会降低 Mueller 矩阵图像的质量[62]。

　　国内的学者也相继对浑浊介质中 Mueller 矩阵成像进行了深入研究。

　　中国石油大学研究表明，在浑浊介质中，由于物体的表面偏振特性并不会因为介质的强散射而丢失，利用物体的 Mueller 矩阵表示其表面特性，并以 Mueller 矩阵的分解矩阵为基础获取目标的偏振特性图像具有很好的可视化性。他们对固定在牛奶溶液中的硬币进行 Mueller 成像，结果表明特定的 Mueller 矩阵元素可以有效地表征硬币的不同部位[63]。南京理工大学的顾国华等[64]分别比较了树叶与伪装网的 Mueller 矩阵图像和强度图像，结果表明利用 Mueller 矩阵成像能够获得比强度成像更多、更完整的图像信息。北京航空航天大学的江月松等通过 Mueller 矩阵成像分析偏振成像过程中散斑对成像质量的影响，建立了散斑的概率分布模型，并利用滤波使偏振图像边缘信息得到更好的保持[65]。仇英辉等[66]提出一种利用浑浊介质中目标物体后向散射光的 Mueller 矩阵进行目标识别的方法，将聚苯乙烯溶液作为浑浊介质模拟液，分别在不同浓度浑浊介质中测量有/无目标物体时后向散射光的 Mueller 矩阵。两个矩阵比较结果表明，Mueller 矩阵的主对角元素在有/无目标物体时存在一定差异，因此可以有效判断浑浊介质中是否存在目标物体。

马辉教授课题组是生物组织中 Muller 矩阵成像研究的国际性代表团队，从 2004 年开始开展偏振光散射与 Mueller 矩阵应用研究，开发了 Mueller 矩阵成像的装置，验证了 Mueller 矩阵成像在医学诊断方面的有效性，表明 Mueller 矩阵成像具有无损、低成本、信息丰富等优势[67-70]。

他们通过对裸小鼠表皮组织在紫外线照射前、紫外线照射后和紫外线照射又经自我修复后的皮肤表面 Mueller 矩阵图像、皮肤表面痤疮的特征参数图像(图 1.13，彩图见封底二维码，余同)分析，表明利用 Mueller 矩阵成像可以有效地区分表皮纤维组织结构的变化[71]、确认痤疮病理组织的边缘及位置[72]，进行癌症潜伏期和早期癌症组织的探测。

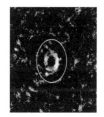

图 1.13　三种裸鼠表皮组织及皮肤痤疮的 Mueller 矩阵图像

Du 等建立了描述偏振光在生物组织中传输的 Monte Carlo 模型，研究了偏振光在球形散射体和无限长圆柱散射体构成的浑浊介质中的传输特性，结果表明偏振光在浑浊介质中传输时的后向散射 Mueller 矩阵受介质折射率、吸收系数、双折射现象和旋光现象等因素的影响[73](图 1.14)。

他们还研究了 Mueller 矩阵成像与生物组织结构和光学性质的关系，从 Mueller 矩阵图像提取出特征变量，用来区分不同的生物组织(图 1.15)[74]，并分析各参数的频率分布趋势和对应的中心参数[75]，结果表明它们可作为确认癌变组织的定量标准。

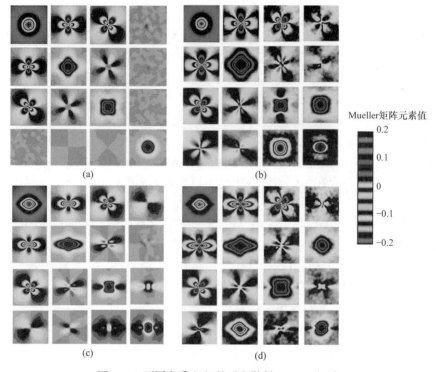

Mueller矩阵元素值

0.2
0.1
0
-0.1
-0.2

图 1.14　不同介质/组织的后向散射 Mueller 矩阵

Mueller矩阵元素值

1

0

-1

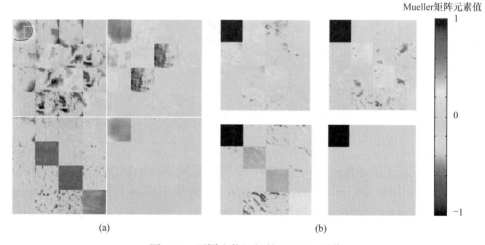

图 1.15　不同生物组织的 Mueller 图像

该小组还研制了分焦平面偏光显微镜,并获得强度图像和偏振染色图像(图 1.16)。分焦平面偏光显微镜可获取凸显癌组织特征的癌变组织 Mueller 矩阵图像,并提取生物组织的频率分布趋势和转化参数,用于癌症的快速诊断[76]。

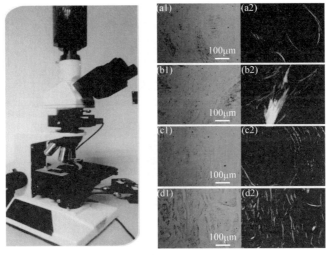

图 1.16 分焦平面偏光显微镜及获得的强度图像和偏振染色图像

图 1.17 所示为利用该仪器测得的肝脏癌细胞[77]、不同时间的牛骨骼肌[78]、管腺瘤组织[79]等的 Mueller 矩阵转化参数图像。研究结果表明，该仪器可对多种癌症、食物品质等进行检测[80]。

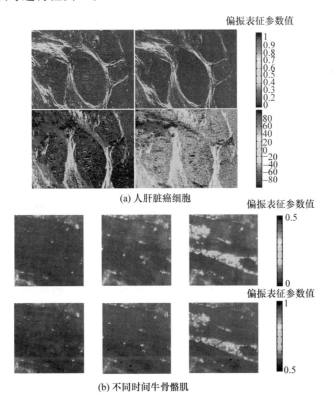

(a) 人肝脏癌细胞

(b) 不同时间牛骨骼肌

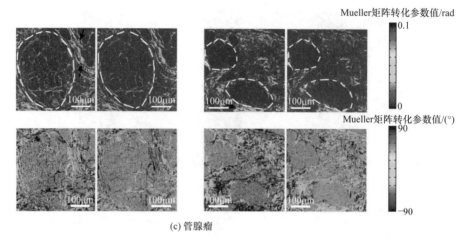

(c) 管腺瘤

图 1.17　Mueller 矩阵转化参数

除生物组织的 Mueller 矩阵成像的研究以外，该组使用偏振光散射成像的方法对微型生物周围水体的典型悬浮颗粒进行 Mueller 矩阵成像，基于卷积神经网络对形态相似的藻类进行分类[81]。9 类 10463 个海藻样本 Mueller 矩阵极化分解参数的统计分布直方图如图 1.18 所示。

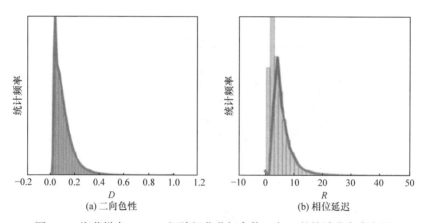

(a) 二向色性　　　　　　　　(b) 相位延迟

图 1.18　海藻样本 Mueller 矩阵极化分解参数 D 与 R 的统计分布直方图

Aiello 等为深入研究 Mueller 矩阵成像，参考前人工作中引入的偏振熵 $S(M)$ (Mueller 矩阵 M 的协方差矩阵 H 的本征值)概念[82]，引入偏振纯度(purity index，PI)，以及偏振纯度-退偏平面(PI-P$_\Delta$ Plane)表征散射介质退偏作用[83]。它可确定实验所得 Mueller 矩阵的可信度和提供实验误差来源信息的可行性，并指出所谓空白子区域和反常退偏[84]并无实际意义。

1.3.3 基于光偏振特性差异的偏振成像方法

1. 偏振度成像

最早开展偏振度成像研究的是 SY Technology 公司的 Chenault 等[85]。他们利用偏振度成像对处在牛奶溶液中的静止目标(印有字母的纸板)进行纹理特征识别，如图 1.19 所示。结果表明，相较强度成像，偏振度成像能够更有效地进行目标探测。

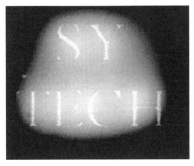

(a) 强度成像　　　　　　　　　　　　　(b) 偏振成像

图 1.19　牛奶溶液中静止目标图像

为了进一步验证偏振度成像效果，Giakos 等重复了 SY Techology 公司研究团队的实验。他们利用线偏振光探测放置在不同浓度脱脂牛奶溶液中的空心塑料圆柱体，获得如图 1.20 所示的强度图像和线偏振度图像，发现尽管偏振度成像相对于强度成像可以提高图像对比度，但其凸显目标边缘信息效果有限[86]。该研究团队还利用光学活性和高折射率分子作为分子对比剂，提高被散射介质包围的结构的图像对比度，结合先进的偏振度成像技术，通过用由水性葡萄糖、水性醇和盐分子组成的分子造影剂对周围介质进行掺杂，获得高对比度的线偏振度图像[87]。

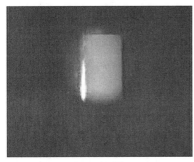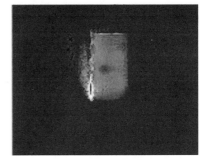

(a) 强度图像　　　　　　　　　　　　　(b) 线偏振度图像

图 1.20　强度图像和线偏振度图像

Chang 等进行了水下偏振度成像研究[88]。结果表明，偏振度成像能够获得比强度成像更高的图像对比度和更远的成像距离。Jacques 等分别对色素沉积皮肤、烧伤皮肤，以及癌变皮肤进行了强度成像和偏振度成像(图 1.21)，指出由于正常皮肤和病变皮肤的表面偏振特性存在差异，根据偏振度图像可以快速有效地诊断病变皮肤，并界定其范围[89]。

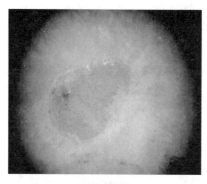
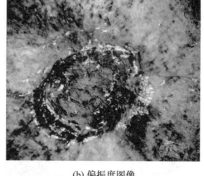

(a) 强度图像　　　　　　　　　　　　(b) 偏振度图像

图 1.21　鳞状细胞癌变皮肤强度图和偏振度图

　　Shao 等利用线偏振光和圆偏振光对处在脂肪乳溶液中的梳状金属目标进行偏振度成像[90](图 1.22)，证实偏振度成像能够有效提高图像对比度，圆偏振光入射提高程度优于线偏振光，且随着介质浑浊度的增加，在介质中经历不同散射过程的光子消偏程度不同，对成像质量的贡献不同，偏振度图像对比度逐渐下降。

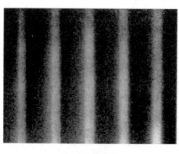
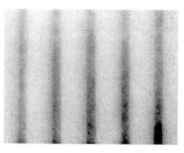

(a) 线偏振度　　　　　　　　　　　　(b) 圆偏振度

图 1.22　线偏振度图像和圆偏振度图像

　　栾江峰等针对传统偏振度图像计算中需先将彩色图像转化为灰度图像，而偏振片对不同波长起偏不同会引起偏振度损失问题，提出首先将获得的目标图像按照三基色进行分离，得到每个基色下的偏振度图像，然后再将三基色的偏振度图像进行融合，得到原彩色图像的偏振度图像，可以有效提高目标的可视化清晰度，凸显强度成像中无法显现的细节信息[91](图 1.23)。可见，在强度成像中无法显现的木垫花纹在偏振度图像中能够清晰地显现出来。

(a) 强度图像　　　　　　　　　　　(b) 偏振度图像

图 1.23　强度图像和偏振度图像

　　邹彤等对厚度为 $30\mu m$ 的肝癌切片进行线偏振成像，发现利用偏振度成像法可以有效区分偏振特性不同的正常区域和癌变区域，偏振度图像的对比度比强度图像提升接近一倍。肝癌切片强度图像和偏振度图像比较如图 1.24 所示，其中 A 区域代表癌变组织，B 区域代表正常组织[92]。

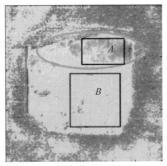

(a) 强度图像　　　　　　　　　　　(b) 偏振度图像

图 1.24　肝癌切片强度图像和偏振度图像比较

2. 偏振选通成像

　　偏振选通成像是根据光在浑浊介质中传输时，经历多次散射的光偏振态会丧失，而经历少次散射的光偏振态能够保持这一特性来分离出未散射光或弱散射光的成像方法。Šormaz 等利用偏振选通成像来选择性提取弹道光成分，消除漫射光成分，从而提高图像质量[93]。MacKintosh 等比较了线和圆偏振光在浑浊介质中的传输特性，发现圆偏振光传输方向的随机化程度大于其螺旋性的随机化程度[94]。Avci 等探究了圆偏振光在浑浊介质中的后向散射特性，发现利用圆偏振光可有效地对生物组织的介质特性进行无损检测[95]。Gilbert 等分析了圆偏振光与海水中所包含微粒的相互作用过程，并利用与入射光偏振态正交的偏振光探测表面涂有油漆的铝板，发现利用圆偏振选通成像获得的探测距离为强度成像对应探测距离的 2 倍[96]。

Lewis 等分别利用线和圆偏振光探测放置在聚苯乙烯微球溶液中涂有油漆的金属板，并与强度成像结果作比较(图 1.25)。结果表明，利用圆偏振光能够获得更高的图像对比度，成像效果更优[97]。

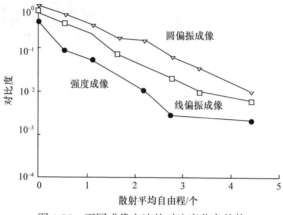

图 1.25　不同成像方法的对比度分布趋势

Ni 等通过实验研究粒径大小不同的两种聚苯乙烯微球溶液中反射型物体的背景光和目标光的偏振特性[98]，发现在小粒径粒子构成的浑浊介质中，目标反射光和介质散射光的偏振态主要与入射线偏振光偏振态相同，与入射圆偏振光的偏振态相反(图 1.26)；偏振态仍主要与入射光偏振态相同，但正交偏振光增多；圆偏振光入射时，目标反射光和介质散射光的偏振态表现出相反的特性，即目标反射光偏振态主要与入射光偏振态相反，介质散射光反之(图 1.27)。就此提出，在大粒径介质中，圆偏振光经历了一系列大角度的前向散射，展现出圆偏振记忆效应。

随后，Kartazayeva 等通过实验验证，并对比了在大、小粒径介质中线与圆偏振光入射时目标的图像对比度[99]，发现在小粒径介质中，线与圆偏振光入射时获得的图像质量相当(图 1.28)；在大粒径介质中，圆偏振光入射时获得的图像对比度高于线偏振光入射时的图像对比度，成像效果更优(图 1.29)。

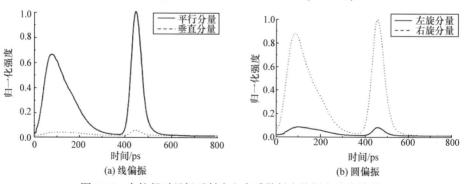

(a) 线偏振　　　　　　　　　　　　(b) 圆偏振

图 1.26　小粒径时目标反射光和介质散射光偏振态分布趋势

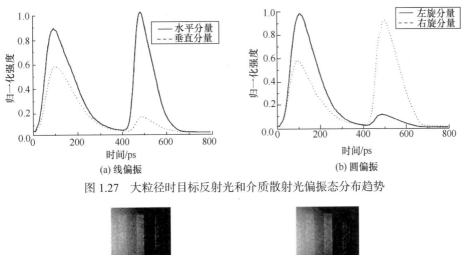

图 1.27 大粒径时目标反射光和介质散射光偏振态分布趋势

(a) 线偏振 (b) 圆偏振

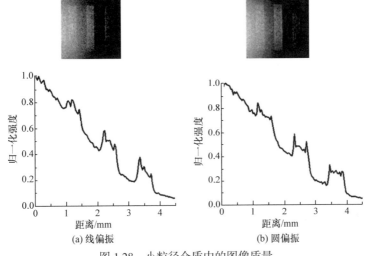

(a) 线偏振 (b) 圆偏振

图 1.28 小粒径介质中的图像质量

Nothdurft 等研究了反射型、散射型和吸收型目标在浑浊介质中的偏振选通成像效果[100]，发现对于反射型目标，采用与入射线偏振光相同偏振态的选通成像质量优于正交偏振态选通成像，采用与入射圆偏振光相同偏振态的选通成像质量低于正交偏振选通成像；对于散射型目标，无论是线偏振光，还是圆偏振光入射，正交偏振选通成像质量均优于强度成像；对于吸收型目标，无论入射光是线偏振光，还是圆偏振光，偏振选通成像效果均与强度成像质量相当(图 1.30)。此外，该课题组还研究了偏振选通成像的成像距离与浑浊介质光学参数的关系[101]。

Demos 等利用鸡肉组织研究了与入射光偏振态相正交偏振选通成像的效果与入射光波长间的关系[102]，发现光谱信息与偏振选通成像的结合能够得到比单一波长条件下的偏振选通成像更好的成像效果，实现了 1.5cm 处的目标探测。

Anderson 等分析了生物组织表层反射光和内部体散射光偏振特性差异，利用偏振选通成像法对人体皮肤进行成像[103]。结果表明，当检偏器与入射光振动方向

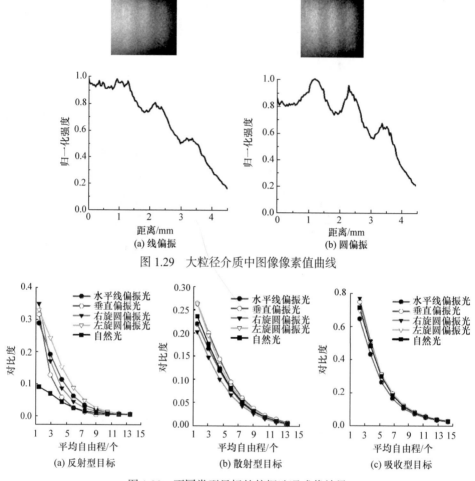

图 1.29　大粒径介质中图像像素值曲线

图 1.30　不同类型目标的偏振选通成像效果

正交时，皮肤表层纹理消失，可以观察到更多的深层组织信息；当检偏器与入射光振动方向相同时，皮肤表层纹理细节比较突出。该研究结果促进了皮肤癌检测和诊断技术的发展。

Shukla 等研究了前向探测时浑浊介质中粒子粒径分布对偏振选通成像质量的影响。他们首先研究了偏振选通成像效果与浑浊介质中粒子尺寸及折射率的关系[104]，接下来又研究了不同尺寸粒子混合所构成的浑浊介质对偏振选通成像质量的影响[105]。

Gan 等探究了偏振选通成像在显微成像领域中的应用[106]。他们从理论分析和实验两个方面出发，分析比较了偏振选通成像和针孔门成像的成像效果。结果表明，在光强较弱时，利用偏振选通成像获得的成像效果优于针孔门成像效果。

为了提高偏振选通成像的应用范围，Lizana 等对传统偏振选通成像方法进行了改进[107]，提出 Mueller 矩阵偏振选通成像获得场景的 Mueller 矩阵，根据不同矩阵元素间的运算关系同时得到不同偏振选通成像。利用线偏振光和椭圆偏振光对处在脂肪溶液中的金属尺进行的传统偏振选通成像和 Mueller 矩阵偏振选通成像效果如图 1.31 所示。结果表明，Mueller 矩阵偏振选通成像方法与传统的偏振选通成像方法效果相当。

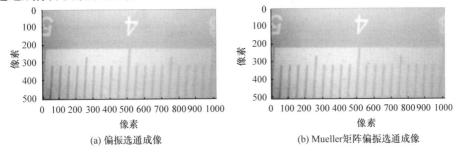

(a) 偏振选通成像   (b) Mueller矩阵偏振选通成像

图 1.31 不同方法获得的偏振选通图像

刘文清等分析了浑浊介质中偏振选通成像效果与浑浊介质衰减长度间的关系，结果表明偏振选通成像能使成像距离扩大到原成像距离的 1.5 倍[108]。曹念文等比较了线与圆偏振光入射时的偏振选通图像质量，结果表明在浑浊度较低的溶液中，利用圆偏振光能够获得更优的成像效果[109]；对成像距离进行了定量测量[110]，计算和实验结果表明在衰减系数为 0.5 的水体中，利用圆偏振光时偏振选通成像能够获得的最大成像距离为 1.92m[111]。

3. 偏振差分成像

Walker 等首先在理论上提出偏振减法成像。该方法是一种根据背景光和目标光退偏能力差异提出的增强图像质量的成像方法[112]。该方法在实施时，首先在与入射光偏振态相同和正交的方向探测场景，然后在与入射光偏振态相同方向的分量引入权重系数并与入射光偏振态正交方向的分量作差来消除背景光，提高目标图像对比度。

随后，Miiler 等研究了偏振减法成像效果与权重系数间的关系[113]，利用圆偏振光对水雾中的金属扳手进行不同权重系数时偏振减法成像，并与强度成像的效果作对比(图 1.32)。

圆偏振光和线偏振光入射时的成像效果对比分析表明，当目标物保偏能力较强时，圆偏振光入射时的成像效果优于线偏振光；当目标物消偏能力较强时，线偏振光入射时的成像效果优于圆偏振光；当权重系数为 1 时，偏振减法成像演化成基于光退偏特性的偏振差分成像。该方法适用于背景光退偏能力较强且目标光保偏能力较强的情况。

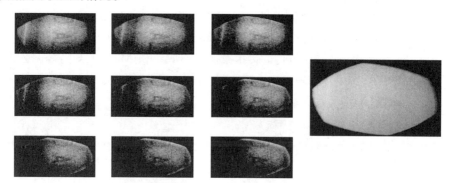

(a) 不同权重系数下的偏振减法成像　　　　　　(b) 强度成像

图 1.32　偏振减法成像效果与强度成像效果的对比

　　Demos 等根据生物组织表面和组织内部偏振信息的不同，利用两正交偏振分量作差，凸显了组织表面的信息[114]。

　　更为普遍的偏振差分成像是根据背景光的偏振特性来选取最优正交偏振方向，得到正交偏振分量图像，作差消除背景光。该方法是 Rowe 等基于太阳鱼视觉系统所提出的[115]。他们发现太阳鱼的每一对复眼由类似检偏器的正交偏振片组成，对特定偏振方向的偏振光进行滤波，由此提出利用处于最优方向的正交偏振抑制背景光、保留目标信息光子，获得优于强度成像的图像质量，可清晰显现目标表面的纹理特性。强度图像和偏振差分图像如图 1.33 所示。

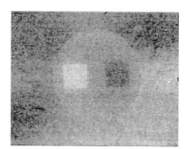

(a) 强度成像　　　　　　　　　(b) 偏振差分图像

图 1.33　强度图像和偏振差分图像

　　随后，Tyo 等对偏振差分成像进行了更为系统的研究[116]，深入分析了偏振差分成像提高成像质量的原因：一是背景信号的共模抑制，二是目标信号的差模放大。所谓共模抑制是指背景光信号在两正交偏振态方向上强度相当，通过作差可以被消除。所谓差模放大是指目标光信号在两正交方向上的强度不同，通过作差可以有效提取。通过对比浑浊介质中金属板的强度成像效果和偏振差分成像效果，他们发现相对于强度成像，偏振差分成像能够使探测距离提高 2~3 倍。他们还发现，将偏振差分成像与强度成像相融合可探测水下具有较低线偏振度或偏振信号较弱的目标。Mehrubeoglu 等研究了人体偏振差分图像和强度图像与体内葡萄糖浓度的关系，发现当体内葡萄糖浓度变化时，强度图像基本不变，而偏振差分图像变化显著，因此可以利用偏振差分成像法对人体血糖进行实时检测[117]。

国内学者也对偏振差分成像进行了深入探索。王海晏等改进了偏振差分成像方法，通过对偏振差分图像做类直方图归一化处理，使偏振差分图像质量得到进一步提升，目标表面纹理特征显示更为清晰，成像距离进一步加大[118]。Zeng 等将偏振差分成像应用于生物组织探测，利用偏振差分图像表征生物组织的特殊结构进行疾病诊断[119]。刘璐等研究了浑浊介质中偏振差分成像效果与光线散射角间的关系，证实偏振激光与粒子相互作用时，经历大角度散射的光退偏能力较强，而经历小角度散射的光子保偏能力较强，为此偏振差分成像不仅能有效滤除经历大角度散射的光子，还能滤除部分只经历小角度散射的光子，从而有效增强浑浊介质中目标的细节信息，提高图像质量[120](图 1.34)。该课题组还对烟雾环境中偏振差分成像的应用进行了研究，通过理论分析、数值模拟和实验验证分析烟雾环境中偏振差分成像的可行性。

(a) 强度成像　　　　　　　　　　　　(b) 偏振差分成像

图 1.34　烟雾环境中铝制栅格的图像

Guan 等通过分析浑浊介质中偏振差分成像原理，提出时域偏振差分成像方法，可有效滤除背景光对成像质量的影响[121, 122]。Zhu 等将偏振差分成像应用于"鬼成像"领域，有效提高了浑浊介质中目标的成像质量，扩展了偏振差分成像的应用领域[123]。强度成像和鬼成像如图 1.35 所示。

(a) 强度成像　　　　　　　　　　　(b) 鬼成像

图 1.35　强度成像和鬼成像

上述分析表明，偏振差分成像作为操作简单、成像效果好的偏振成像方法，受到学者的重视，被广泛地应用在水下、烟雾、生物组织等领域，可以取得良好的成像效果。

4. 距离选通偏振差分成像

为了进一步提高浑浊介质中探测图像的对比度，增大成像距离，人们开始考虑将偏振成像与其他成像方法相结合。Tyo 提出将偏振差分成像与时间选通成像、光学相干成像方法相结合的设想[124]。Demos 等将偏振选通成像与光谱技术结合，用于生物组织成像探测，结果显示不同波长的垂直分量相减能够清晰地显示出表皮下的组织结构[114, 125]。Swartz 等提出将距离选通成像与偏振成像相结合，利用目标光和背景光消偏特性的差异来增强图像质量，提高图像对比度，对金属、木材、塑料等不同材质的目标的实验测量表明，成像效果与目标的偏振特性相关[126]。

秦琳等进行了基于距离选通的偏振成像方案的实验验证，证实其能够有效抑制后向散射对成像质量的影响，提高图像的对比度，增加目标探测和识别效率，有望应用于浑浊介质中目标探测[127]。强度成像和基于距离选通的偏振成像如图 1.36 所示。

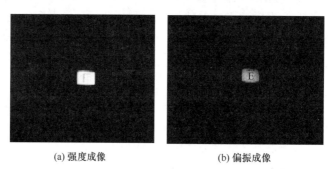

(a) 强度成像　　　　　　　　　　(b) 偏振成像

图 1.36　强度成像和基于距离选通的偏振成像

本书团队针对偏振差分成像与距离选通成像相结合的距离选通偏振差分成像开展了系列研究[128-130]，提出距离选通偏振差分成像，主要依据背景光与目标光在时域上的区别来滤除背景光，因为在浑浊度较高的介质中，部分背景光散射次数增加，传输路径变长，与目标光在时域上将无法有效分离；如果距离选通成像滤除散射次数较少背景光，采用偏振差分成像滤除多次散射背景光，形成距离选通偏振差分成像(也称偏振距离选通成像)，则可有效降低背景光，提高成像质量。

图 1.37 所示为脂肪乳溶液中目标距离选通偏振差分成像效果。图像清晰地展现了距离选通偏振差分成像对背景光的滤除能力。

(a) 强度成像   (b) 距离选通偏振差分成像

图 1.37 脂肪乳溶液中目标距离选通偏振差分成像效果

由偏振差分成像原理可知,进行偏振差分成像时需要寻找检偏器的最优探测方向,实施效率较低,只能针对均匀不变介质中的目标进行探测,不能对动态环境中的目标进行有效探测。而实际条件下的浑浊介质并不是固定不变的,存在海水涌动、烟雾扩散等现象,因此浑浊介质的特性和参数不断发生变化。这严重制约了偏振差分成像的应用范围,进而限制距离选通偏振差分成像的应用范围,因此探寻新的偏振差分成像实施方案,提出新的距离选通偏振差分成像实施方案显得尤为迫切,对于实现对动态环境中静态目标的探测,甚至实现对动态目标的探测意义重大。

1.3.4 偏振光传输与探测 Monte Carlo 模拟

1. 偏振光传输与成像 Monte Carlo 模型研究

Wang 等[131]利用 Monte Carlo 模拟研究了光在浑浊介质中的传输。他们建立了如图 1.38 所示的多层浑浊介质结构,并对光子在浑浊介质中的每一步传输进行详细描述。该工作为研究浑浊介质中光学成像奠定了基础,但他们并未考虑光的偏振特性,描述的是非偏光在浑浊介质中的传输。

随后,学者们在此基础上开展了偏振光在浑浊介质中的 Monte Carlo 模拟研究。Schmitt 等[132]通过构建偏振光在浑浊介质中传输的 Monte Carlo 模型,利用入射光和前向散射光偏振态之间的关系,对在浑浊介质中传输的长程光和短程光进行了有效区分。Bartel 等[133]提出偏振 Monte Carlo 模型,利用 Stokes-Mueller 机制描述偏振光在浑浊介质中的传播,计算偏振光在浑浊介质中的 Stokes 参量和介质后向散射的 Mueller 矩阵。Akarcay 等[134]对利用 Stokes-Mueller 机制与琼斯矩阵法描述偏振光在浑浊介质中的传输,系统回顾了两种方法的理论概念,并利用两种方法模拟了不同偏振态的偏振光在浑浊介质中的传输情形,结果表明利用两种方法得到的结果相同[135]。Ramella-Roman 等[136]总结了偏振光在浑浊介质中传输的描述方法,并对每种方法进行了详细描述。常用的三种 Monte Carlo 模拟方法分别是子午平面法[137]、欧拉法[133]和四元数法[138]。子午平面法是光子在浑浊介质中传输时,将其从一个位置散射到另外一个位置的过程,用光子所在的子午平面变换到散射平面的方法进行描述。欧拉法通过旋转散射面的方式来表示偏振光在浑浊介质中的传输。四元数法基于代数中四元数法则来对偏振光在浑浊介质中的传输过程进行描述。在设置条件相同时,分别利用这三种方法设计的模拟程序获得的模拟结果和模拟所需时间几乎一样。这三种方法各有优势,子午平面法便于理解,欧拉法编程过程清晰,四元数法模拟过程最为简洁。付强等详细描述了 Monte Carlo 模拟偏振传输特性的流程[139]。Tian 等对偏振光在浑浊介质中传输时 Monte Carlo 模拟的每一过程进行了详细描述[140]。

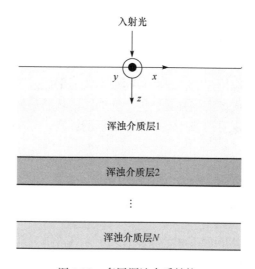

图 1.38　多层浑浊介质结构

在利用 Monte Carlo 模拟解决实际问题时,为了保证模拟结果的准确性,需要利用大量光子模拟光束在浑浊介质中的传输,因此模拟过程非常耗时。为了减少模拟耗时、提高模拟效率,Fang 等[141]将图形处理器(graphics processing unit, GPU)技术用于 Monte Carlo 模拟,使模拟速度提高为传统 Monte Carlo 模拟速度的 10 倍。Jaillon 等[142]引入拒绝法进行偏振光在浑浊介质中传播时相位角和方向角的计算,使偏振 Monte Carlo 模拟程序的运算速度提高到原来 Monte Carlo 模拟方法的 13 倍。

2. 偏振成像影响因素研究

借助 Monte Carlo 模拟方法,Bartel 等利用 Monte Carlo 模拟得到了不同尺寸粒子构成的高散射介质的后向散射 Mueller 矩阵[133]。Yao 等给出了偏振光在浑浊介质中的时域传播模型,统计了偏振光在介质中传输时偏振度分布随时间的变化[143]。Wang 等将偏振光在普通浑浊介质中的 Monte Carlo 传输模型扩展到双折射介质中，并利用此模型对偏振光在两种由粒径不同粒子构成的双折射介质中的传输特性进行统计[144]。Yao 等利用吸收型目标、反射型目标和散射型目标研究目标类型对偏振选通成像和偏振差分成像质量的影响[145]。偏振选通成像效果如图 1.39 所示，在利用偏振成像探测目标时，不同类型的目标可以展现出不同的成像效果。Wood 等利用 Monte Carlo 模拟研究了偏振光在具有线性双折射效应和旋光效应介质中的传播特性[146]，并利用实验验证模拟结果，证实了模拟结果的可靠性。Vitkin 等研究了偏振光在圆柱形浑浊介质中的探测深度[147]，研究结果表明探测深度与探测角相关。Sawicki 等利用 Monte Carlo 模拟研究了线和圆偏振光在浑浊介质中传输时介质光的相干性[148]，结果表明无论入射光是相干还是非相干圆偏振光，介质光均呈现为强度相等的同心圆分布；当入射光为圆偏振光时，介质 Mueller 矩阵的对称性优于线偏振光入射时介质 Mueller 矩阵的对称性。Laan 等利用 Monte Carlo 模拟详细地研究了线和圆偏振光在不同粒径浑浊介质中的传输演化规律[149](图 1.40)，结果表明在大粒径散射介质中，圆偏振光的偏振特性保持能力强于线偏光的偏振特性保持能力；在小粒径散射介质中，线偏振光与圆偏振光的偏振特性保持能力几乎相同。Ortega-Quijano 等基于偏振光在双折射介质中传输的 Monte Carlo 模型，研究了介质特性变化对传输偏振光的消偏影响[150]。Otsuki 利用 Monte Carlo 模拟研究了偏振光在平板双折射介质中的多次散射[151]。Ghatrehsamani 等研究了偏振光在有界浑浊介质中的传输，分析比较了介质边界对线和圆偏振光在浑浊介质中传播时消偏程度的影响[152]，发现圆偏振光入射时，前向散射光的偏振度得以较好保持。

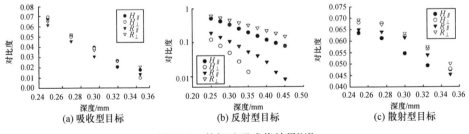

图 1.39 偏振选通成像效果[145]

鞠栅等利用 Monte Carlo 模拟的方法模拟偏振光在生物组织中的传输，研究了后向散射检测中偏振门的有效性[153]，结果表明结合偏振门和斜入射技术有利于筛选有用的信号光，同时抑制背景光。王凌等构建了偏振光在多分散介质中传输的 Monte Carlo 模型[154]。该模型假定光子始终垂直于界面从介质中射出，可以定性分析后向散射偏振光的空间分布特征与粒子浓度之间的关系。王淑萍利用 Monte Carlo 模拟计算了 16 个 Mueller 矩阵元素和四个 Stokes 参量在浑浊介质表

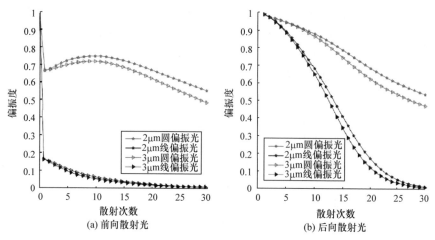

图 1.40　偏振度与散射次数间的关系[149]

面的二维分布，同时研究了入射光偏振态与浑浊介质散射系数对分布的影响[155]。李伟等对偏振选通和空间滤波相结合的方法进行了 Monte Carlo 模拟研究[156]，结果表明小粒径条件下，偏振选通和空间滤波相结合的方法能够提高图像对比度和分辨率，且利用圆偏振光获得的成像效果优于利用线偏振光获得的成像效果；大粒径条件下，偏振选通成像和空间滤波技术相结合的方法对成像效果提高不大，且利用圆偏振光与线偏振光获得的成像效果之间也无明显差异。Yun 等建立了偏振光在包含多分散球形和无限长圆柱体的各向异性介质中散射的 Monte Carlo 模型[157]，并通过实验对模型进行了验证。卫沛锋等通过建立偏振光在多层浑浊介质中的传输模型，研究光在折射率不匹配界面处的 Stokes 参量变化，为偏振光在生物组织中的传播提供了理论模型[158]。张华伟等建立了大气光传输的 Monte Carlo 传输模型，并得到利用后向散射光的偏振度进行目标识别的最佳波长[159]。栾江峰等利用 Monte Carlo 模拟方法在线偏振脉冲光入射条件下，研究层状病变的组织中后向散射光强在时域上的分布关系，并提出一种对病变组织进行定位诊断的方法[160]。Shen 等利用 Monte Carlo 模拟研究偏振光在介质中的传输特性[161-163]。Zhang 等利用 Monte Carlo 模拟研究了偏振光在生物组织中的传输和能量损失情况[164]。

　　综上所述，偏振光在浑浊介质中的 Monte Carlo 传输模型已得到较为系统深刻的研究。Monte Carlo 传输模型的不断完善为偏振成像的研究提供了高效准确的工具。国内外的学者借助该工具已对部分典型偏振成像方法的成像效果与入射光偏振态、浑浊介质光学特性和目标特征进行了深入系统的研究，使这些有效的偏振成像方法能够更好地应用于实际，服务于社会。

1.4 本 章 小 结

相对于其他偏振成像方法，偏振差分成像由于具有操作便捷、设备简单和便于实际应用等优点，被广泛应用于水下、生物组织、烟雾等浑浊介质中目标的探测。基于偏振差分成像提出的距离选通偏振差分成像能够充分发挥偏振差分成像和距离选通成像优势，也可用于探测浑浊介质中的目标，提高图像质量，增加作用距离。

需要注意的是，偏振成像方法的成像效果与入射光偏振态、浑浊介质光学特性和目标特性相关[165]。例如，Shukla 等曾对偏振选通成像的影响因素进行了实验研究[104]，结果表明成像效果受浑浊介质中的粒子尺寸及其分布、折射率、入射偏振态影响。Bicout 等的研究结果也表明偏振光在浑浊介质中的传输演化规律与粒子的尺寸相关[166]。Mahrübeoğlu 等的研究结果表明，构成浑浊介质的散射体的种类和浓度对偏振光传输也有重要的影响[167]。戴俊等的研究表明，线偏振光与圆偏振光在浑浊介质中的传输特性不同[168]。可见，只有清晰地分析入射光偏振态、浑浊介质光学特性和目标特性等因素对偏振成像效果的影响，才能更好地将偏振成像用于实际应用[169]。因此，本书还将通过实验研究与 Mento Carlo 模拟，分析入射光偏振态和浑浊介质光学特性对偏振差分成像和距离选通偏振差分成像质量的影响，探测偏振差分成像和距离选通偏振差分成像在不同入射光偏振态和浑浊介质参数条件下的成像规律，为偏振差分成像和距离选通偏振差分成像的实施提供指导，获取最优的成像效果。

第2章 偏振光及其在浑浊介质中的传输特性

熟悉了解光偏振的基础理论是研究浑浊介质中主动偏振成像技术的基础，最大限度地利用光的偏振信息，提升浑浊介质中成像的质量是偏振成像技术的应用目的。偏振成像的实验验证与计算机 Monte Carlo 模拟仿真分析是两种相辅相成的研究方法，通过模型修正与实验改进可以共同促进浑浊介质中偏振成像技术的不断创新与完善。

2.1　光的偏振及表示

2.1.1　偏振现象

拉斯穆巴多林于 1669 年发现光束通过冰洲石时会出现双折射现象。假设照射光束于冰洲石，则这光束会被折射为两束光，一束光遵守普通的折射定律，称为寻常光，另外一束光不遵守普通的折射定律，称为非常光。克里斯蒂安·惠更斯在《光论》中对这一特殊现象有更为详细的论述，但惠更斯猜想光波是纵波，他提出的简单波动理论不能对这一现象给出解释。1810 年，艾蒂安-路易·马吕斯在实验中观察到：日光照射于卢森堡宫的玻璃窗，然后被玻璃反射出来，若入射角度达到某特定数值，则反射光与惠更斯观察到的折射光具有类似的性质，他称之为偏振性质，在之后的实验中，马吕斯进一步发现组成光束的每一道光线都具有某种特别的不对称性；当这些光线具有相同的不对称性时，则光束具有偏振性；当这些光线的不对称性分别概率地指向不同方向时，则光束具有非偏振性；在这两种案例之间时，则光束具有部分偏振性。他根据实验结果，最终得出马吕斯定律，定量地给出偏振光通过检偏器后的辐照度，因此马吕斯被称为偏振之父。

光波电矢量振动的空间分布对于光的传播方向失去对称性的现象叫做光的偏振。只有横波才能产生偏振。偏振光的电磁表现形式如图 2.1 所示。在垂直于传播方向的平面内，包含一切可能方向的横振动，且任一方向上具有相同的振幅。这种横振动对称于传播方向的光，称为自然光(非偏振光)。凡振动失去这种对称性的光统称偏振光。

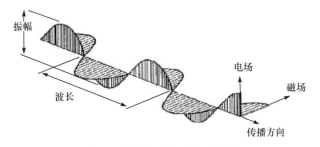

图 2.1　偏振光的电磁表现形式

从偏振性的角度来说，光可以分为自然光、部分偏振光和偏振光(包括线偏振光、圆偏振光、椭圆偏振光)。不同形式光的振动状态表示如图 2.2 所示。

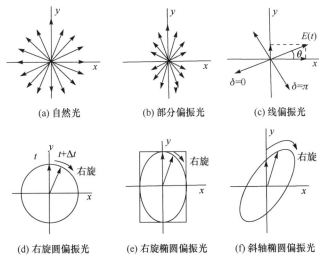

图 2.2　不同形式光的振动状态表示

自然光是大量不同振动方向的、彼此无关的、无优势振动方向取向的线偏振光的集合。自然光相对于传播方向具有轴对称性。普通光源发的光都是自然光，日常可见光的大多数光源，包括黑体辐射、荧光，太阳光等会发射出不相干光波。在这些光源物质里，处于激发态的原子或分子会独立、毫无关联地发射出这些随机偏振的电磁辐射波列，每个波列持续大约 8～10ns，所以光波的偏振只能保持8～10ns。这种光波称为非偏振光。

部分偏振光相对于传播方向呈非轴对称，具有一个优越的振动方向。自然光经过反射或折射一般变成部分偏振光，而偏振光经过浑浊介质，如牛奶、海水时，光束振动方向发生随机化的改变，变成部分偏振光，具体表现为偏振度的下降。

　　偏振光并非杂乱无章，是可以写出解析式的光。将一根长绳子的一端固定，另一端用手拉紧水平的绳子上下振动会产生横波。波的振动方向和波的传播方向垂直，并且振动方向始终保持在一个平面内。假如我们让绳子穿过一个栅栏，波的传播就会受到栅栏的限制。如果栅栏缝隙的方向与振动方向一致，波就能顺利通过栅栏；如果缝隙方向与振动方向垂直，波就被阻挡而不能继续向前传播。据Temple 介绍，如果把晃动的跳绳想象成穿梭在空气中的光线，绳子左右晃产生的光波是水平的，上下晃产生的是垂直的偏振波。

　　偏振在生活中的应用无处不在，如图 2.3 所示。液晶显示器利用两片振动方向垂直的偏振片的消光作用，结合液晶分子的旋光特性实现数字显示；在摄影镜头前加装偏振镜，并适当地旋转偏振镜面，能够消除或减弱来自光滑物体表面的反光或亮斑，提升图像质量；3D 电影利用两片偏振方向垂直的偏振片制成的偏振眼镜，在人左右眼形成"差异化影像"，最终在人脑合成实现立体感觉。人的眼睛对光的偏振状态是不能分辨的，但某些昆虫的眼睛对偏振却很敏感，它们通过偏振复眼实现方向的定位。偏振成像技术在体现目标轮廓、穿透散射介质方面的独特优势，使其被广泛地应用于成像探测研究中。

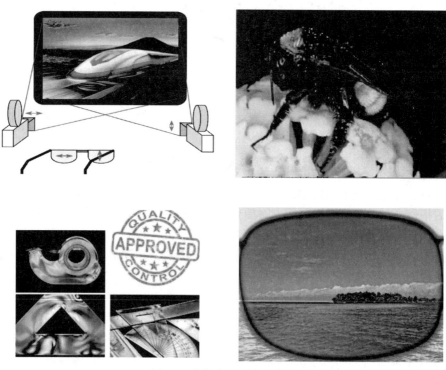

图 2.3　偏振在生活中的应用

2.1.2 光偏振态的表示方法

偏振表示光波在垂直于其传输方向上不同方位的振幅分布，是横波特有的一种属性，表征光波的矢量特性。偏振信息是除强度信息、光谱信息外的又一重要信息。

光的偏振态通常用四种方法表示，即三角函数法、琼斯矢量法、Stokes 矢量法和邦加球法。

1. 三角函数法

光波的传输方向为 z 轴方向时，求解麦克斯韦方程组可以得到其表达式，即

$$E = E_0 \cos(\omega t - kz + \varphi_0) \tag{2-1}$$

其中，E_0 为光波振幅；ω 为光波频率；t 为传输时间；k 为波矢的大小；z 为传输方向上某点到原点的位置，φ_0 为初始相位。

由电磁波的矢量特性出发可将光波在 x 轴和 y 轴方向分解，即

$$E_x = E_{0x} \cos(\omega t - kz + \varphi_{0x}) \tag{2-2}$$

$$E_y = E_{0y} \cos(\omega t - kz + \varphi_{0y}) \tag{2-3}$$

其中，E_{0x} 和 E_{0y} 为光波在 x 和 y 轴方向上的振幅；φ_{0x} 和 φ_{0y} 为光波在 x 和 y 轴方向上的初始相位。

联立式(2-2)和式(2-3)可得

$$\frac{E_x^2}{E_{0x}^2} + \frac{E_y^2}{E_{0y}^2} - 2\frac{E_x E_y}{E_{0x} E_{0y}} \cos\varphi = \sin^2\varphi \tag{2-4}$$

其中，$\varphi = \varphi_{0x} - \varphi_{0y}$ 为 x 和 y 轴方向上的相位差。

该方程表明振动方向相互正交的两电场矢量 E_x 和 E_y 叠加后的电场矢量为椭圆偏振光。椭圆的空间取向与形状分别由振幅比 E_{0x}/E_{0y} 和相位差 φ 决定。因此，利用 E_{0x}、E_{0y} 和 φ 三个参量就可完整地描述任意椭圆偏振光的性质。

当相位差 $\varphi = k\pi\,(k = 0, \pm 1, \pm 2, \cdots)$ 时，式(2-4)演变为

$$\frac{E_x}{E_y} = \frac{E_{0x}}{E_{0y}} e^{ik\pi} \tag{2-5}$$

此时，椭圆演化为一条直线，对应的偏振光称为线偏振光。当 k 为偶数时，线偏光在第一象限和第三象限振动；当 k 为奇数时，线偏振光在第二象限和第四象限振动。

当两振幅分量 E_{0x} 和 E_{0y} 相等，即 $E_{0x} = E_{0y} = E_0$，并且相位差 $\varphi = \dfrac{\pi}{2} +$

$k\pi\,(k=0,\pm 1,\pm 2,\cdots)$ 时，式(2-4)演变为

$$E_x^2 + E_y^2 = E_0^2 \tag{2-6}$$

其复数形式为

$$\frac{E_x}{E_y} = \mathrm{e}^{\pm \mathrm{i}\frac{\pi}{2}} = \pm \mathrm{i} \tag{2-7}$$

此时，椭圆演化为圆，对应的偏振光称作圆偏振光，±表示偏振光为右旋圆偏振光或左旋圆偏振光。此处，右旋圆偏振光与左旋圆偏振光的定义为逆光传输方向观测，若光矢量顺时针旋转，则偏振光为右旋圆偏振光；若光矢量逆时针旋转，则偏振光为左旋圆偏振光。

一般情况下，在垂直于偏振光传输方向的平面内，电场矢量的大小和方向均会发生改变，使光矢量的轨迹为椭圆形。此时的偏振光为椭圆偏振光，如图 2.4 所示。令

$$\frac{E_{0x}}{E_{0y}} = \tan\alpha, \quad 0 \leqslant \alpha \leqslant \frac{\pi}{2} \tag{2-8}$$

$$\pm \frac{b}{a} = \tan\chi, \quad -\frac{\pi}{4} \leqslant \chi \leqslant \frac{\pi}{4} \tag{2-9}$$

其中，α 为偏振椭圆的辅助角；χ 为椭圆率角。

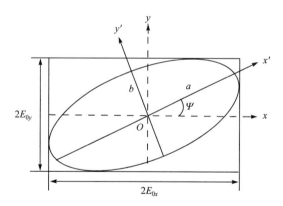

图 2.4　椭圆偏振光和偏振椭圆

二者与椭圆方位角 ψ 的关系为

$$\begin{aligned} \tan 2\psi &= \tan 2\alpha \cos\varphi \\ \sin 2\chi &= \sin 2\alpha \sin\varphi \end{aligned} \tag{2-10}$$

其中，ψ 的取值范围为 $[0,\pi]$。

椭圆的长半轴 a 和短半轴 b 之间满足

$$a^2 + b^2 = E_{0x}^2 + E_{0y}^2 \tag{2-11}$$

2. 琼斯矢量法

光场中的复数项的平面波部分可以表示为

$$E_x(z,t) = E_{0x}e^{i(\omega t - kz + \delta_x)} \tag{2-12}$$

$$E_y(z,t) = E_{0y}e^{i(\omega t - kz + \delta_y)} \tag{2-13}$$

传播因子 $\omega t - kz$ 保持不变，所以式(2-12)和式(2-13)也可以写为

$$E_x = E_{0x}e^{i\delta_x} \tag{2-14}$$

$$E_y = E_{0y}e^{i\delta_y} \tag{2-15}$$

式(2-14)和式(2-15)可以排列成为一个 2×1 的矩阵，即

$$E = \begin{bmatrix} E_x \\ E_y \end{bmatrix} = \begin{bmatrix} E_{0x}e^{i\delta_x} \\ E_{0y}e^{i\delta_y} \end{bmatrix} \tag{2-16}$$

E 称为琼斯列矩阵或者琼斯矢量。

首先讨论琼斯矢量归一化问题。总的光场强度可表示为

$$I = E_x E_x^* + E_y E_y^* \tag{2-17}$$

可通过下面矩阵乘法给出，即

$$I = \begin{bmatrix} E_x^* & E_y^* \end{bmatrix} \begin{bmatrix} E_x \\ E_y \end{bmatrix} \tag{2-18}$$

其中，$[E_x^* \quad E_y^*]$ 是琼斯矢量 E(列向量)的复转置，可以写作 $E^\dagger$，即

$$E^\dagger = \begin{bmatrix} E_x^* & E_y^* \end{bmatrix} \tag{2-19}$$

所以

$$I = E^\dagger E \tag{2-20}$$

利用式(2-16)可得

$$E_{0x}^2 + E_{0y}^2 = I = E_0^2 \tag{2-21}$$

令 $E_0^2 = 1$，则

$$E^\dagger E = 1 \tag{2-22}$$

对于水平线偏振光，$E_y = 0$，琼斯矩阵可写为

$$E = \begin{bmatrix} E_{0x}e^{i\delta_x} \\ 0 \end{bmatrix} \tag{2-23}$$

考虑归一化，可得水平线偏振光的归一化琼斯矢量，即

$$E = \begin{bmatrix} 1 \\ 0 \end{bmatrix} \tag{2-24}$$

同样的方法可以得到其他偏振态光线的琼斯矢量，如表 2.1 所示。

表 2.1 典型偏振光的琼斯矢量

偏振态	符号	琼斯矢量
水平线偏振光	↔	$\begin{bmatrix} 1 \\ 0 \end{bmatrix}$
垂直线偏振光	↕	$\begin{bmatrix} 0 \\ 1 \end{bmatrix}$
45°线偏振光	↗↙	$\dfrac{\sqrt{2}}{2}\begin{bmatrix} 1 \\ 1 \end{bmatrix}$
左旋圆偏振光	↻	$\dfrac{\sqrt{2}}{2}\begin{bmatrix} i \\ 1 \end{bmatrix}$
右旋圆偏振光	↻	$\dfrac{\sqrt{2}}{2}\begin{bmatrix} 1 \\ i \end{bmatrix}$

当 $AB=0$，或者当两矢量为复数满足 $A^\dagger B = 0$ 时，我们称这两个矢量相互正交。对于两个琼斯矢量 E_1 和 E_2，其正交条件为

$$E_i^\dagger E_j = 0, \quad i,j=1,2 \tag{2-25}$$

综合正交条件(2-25)和归一化条件(2-22)，可表示为

$$E_i^\dagger E_j = \delta_{ij}, \quad i,j=1,2 \tag{2-26}$$

其中，δ_{ij} 为克罗内克符号，有如下性质，即

$$\delta_{ij}=1, \quad i=j \tag{2-27}$$

$$\delta_{ij}=0, \quad i \neq j \tag{2-28}$$

琼斯矢量可直接进行叠加，例如对于水平偏振矢量 E_H 与垂直偏振矢量 E_V，有

$$E_H = \begin{bmatrix} E_{0x}e^{i\delta_x} \\ 0 \end{bmatrix}$$
$$E_V = \begin{bmatrix} 0 \\ E_{0y}e^{i\delta_y} \end{bmatrix} \tag{2-29}$$

叠加可得

$$E = E_{\mathrm{H}} + E_{\mathrm{V}} = \begin{bmatrix} E_{0x}\mathrm{e}^{\mathrm{i}\delta_x} \\ E_{0y}\mathrm{e}^{\mathrm{i}\delta_y} \end{bmatrix} \qquad (2\text{-}30)$$

即椭圆偏振光的琼斯矢量。

　　将两个正交线性偏振光叠加，可以获得椭圆偏振光。例如，$E_{0x} = E_{0y}$ 且 $\delta_x = \delta_y$，则由式(2-30)可得

$$E = E_{0x}\mathrm{e}^{\mathrm{i}\delta_x} \begin{bmatrix} 1 \\ 1 \end{bmatrix} \qquad (2\text{-}31)$$

这是一个+45°偏振态的线偏振光。琼斯矢量只能表示完全偏振光，不能描述部分偏振光和非偏光，因此在实际应用中受到较多的限制。

3. Stokes 矢量法

　　该方法用四个强度参量来描述光的偏振态，不仅能够描述完全偏振光，还能描述部分偏振光与非偏振光，因此是目前最常用的偏振光表示方法，即

$$S = \begin{bmatrix} S_0 \\ S_1 \\ S_2 \\ S_3 \end{bmatrix} \text{ 或 } S = \begin{bmatrix} I \\ Q \\ U \\ V \end{bmatrix}$$

称为 Stokes(斯托克斯)矢量。

　　根据偏振椭球表达式(2-4)，并进行时间积分可得到四个 Stokes 参量的表达式，即

$$I = E_{0x}^2 + E_{0y}^2 \qquad (2\text{-}33)$$

$$Q = E_{0x}^2 - E_{0y}^2 \qquad (2\text{-}34)$$

$$U = 2E_{0x}E_{0y}\cos\delta \qquad (2\text{-}35)$$

$$V = 2E_{0x}E_{0y}\sin\delta \qquad (2\text{-}36)$$

其中，I 为光波的总光强；Q 为水平线偏振光与垂直线偏振光的强度差；U 为 45°线偏振光与 135°线偏振光的强度差；V 为右旋圆偏振光差左旋圆偏振光的强度差。

　　当 Stokes 矢量描述完全偏振光时，有

$$I^2 = Q^2 + U^2 + V^2 \qquad (2\text{-}37)$$

当 Stokes 矢量描述部分偏振光时，有

$$I^2 > Q^2 + U^2 + V^2 \qquad (2\text{-}38)$$

根据 Stokes 矢量，可以描述任意偏振光的偏振度 P，即

$$P = \frac{I_p}{I_t} = \frac{(Q^2 + U^2 + V^2)^{1/2}}{I} \qquad (2\text{-}39)$$

其中，I_t 为光波的总强度；I_p 为光波中偏振部分的强度和。

定义线偏振光的偏振度，即

$$\mathrm{DOLP} = \frac{(Q^2 + U^2)^{\frac{1}{2}}}{I}$$

圆偏振光的偏振度，即

$$\mathrm{DOCP} = \frac{V}{I}$$

利用 Stokes 参量，可以描述偏振椭圆方向角 ψ，即

$$\tan 2\psi = \frac{U}{Q} \qquad (2\text{-}40)$$

偏振椭圆率角为

$$\sin 2\chi = \frac{V}{I} \qquad (2\text{-}41)$$

由于 Stokes 参量表示光强，因此两束相互独立的光波叠加后的偏振态可表示为两束光原有偏振态的叠加，即

$$\begin{bmatrix} I \\ Q \\ U \\ V \end{bmatrix} = \begin{bmatrix} I^1 \\ Q^1 \\ U^1 \\ V^1 \end{bmatrix} + \begin{bmatrix} I^2 \\ Q^2 \\ U^2 \\ V^2 \end{bmatrix} \qquad (2\text{-}42)$$

式(2-39)表明，部分偏振光可表示为完全偏振光和完全非偏振光的叠加，即

$$S = (1-P) \begin{bmatrix} I \\ 0 \\ 0 \\ 0 \end{bmatrix} + P \begin{bmatrix} I \\ Q \\ U \\ V \end{bmatrix} \qquad (2\text{-}43)$$

通常情况下，为了便于描述，可将 Stokes 矢量进行归一化。典型偏振光的 Stokes 矢量如表 2.2 所示。

表 2.2　典型偏振光的 Stokes 矢量

偏振态	Stokes 矢量	偏振态	Stokes 矢量
水平线偏振光	$[1\ 1\ 0\ 0]^{\mathrm{T}}$	垂直线偏振光	$[1\ -1\ 0\ 0]^{\mathrm{T}}$
45°线偏振光	$[1\ 0\ 1\ 0]^{\mathrm{T}}$	-45°线偏振光	$[1\ 0\ -1\ 0]^{\mathrm{T}}$
右旋圆偏振光	$[1\ 0\ 0\ 1]^{\mathrm{T}}$	左旋圆偏振光	$[1\ 0\ 0\ -1]^{\mathrm{T}}$
自然光	$[1\ 0\ 0\ 0]^{\mathrm{T}}$	θ 方向线偏振光	$[1\ \cos 2\theta\ \sin 2\theta\ 0]^{\mathrm{T}}$

当一束光与偏振器件相互作用时，偏振器件能够改变其偏振态(图 2.5)。入射光偏振态用 Stokes 矢量 S 表示，出射光偏振态用 Stokes 矢量 S' 表示。若出射光 Stokes 矢量中的每个元素能用入射光 Stokes 矢量中的四个元素线性表示，则

$$\begin{aligned}
I' &= m_{00}I + m_{01}Q + m_{02}U + m_{03}V \\
Q' &= m_{10}I + m_{11}Q + m_{12}U + m_{13}V \\
U' &= m_{20}I + m_{21}Q + m_{22}U + m_{23}V \\
V' &= m_{30}I + m_{31}Q + m_{32}U + m_{33}V
\end{aligned} \tag{2-44}$$

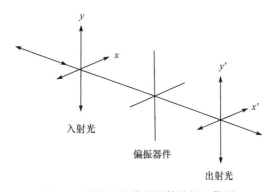

图 2.5　偏振光与偏振器件的相互作用

可以表示为

$$\begin{bmatrix} I' \\ Q' \\ U' \\ V' \end{bmatrix} = \begin{bmatrix} m_{00} & m_{01} & m_{02} & m_{03} \\ m_{10} & m_{11} & m_{12} & m_{13} \\ m_{20} & m_{21} & m_{22} & m_{23} \\ m_{30} & m_{31} & m_{32} & m_{33} \end{bmatrix} \begin{bmatrix} I \\ Q \\ U \\ V \end{bmatrix} \tag{2-45}$$

式(2-45)可简写为

$$S' = MS \tag{2-46}$$

其中，M 是 4×4 矩阵，称作 Mueller 矩阵，用于表示偏振器件或者介质对光偏振态的影响。

4. 邦加球法

该方法利用图示法来描述光的偏振态，是邦加于 1892 年提出的。它将 Stokes 矢量法图示化，可以利用 Stokes 矢量表示光的偏振态，且对于完全偏振光存在式(2-37)。因此，当在笛卡儿坐标系中，相互正交的 x、y、z 轴上分别取值为 Q、U、V 时，表示偏振光状态的坐标 Q、U、V 所确定的点位于强度 I 为半径的球面上。当只对光的偏振态感兴趣，不考虑光强时，可以用单位球面上的点表示光的偏振态。

为了弄清楚球面上每点的意义，如图 2.6 所示，根据椭圆的两个参量(长轴方位角 θ 和椭圆率角 β)可以得到 Q、U 和 V 的表达式，即

$$
\begin{aligned}
Q &= I \cos 2\beta \cos 2\theta \\
U &= I \cos 2\beta \sin 2\theta \\
V &= I \sin 2\beta
\end{aligned}
\tag{2-47}
$$

在笛卡儿坐标系中，球面上任意一点的直角坐标为 (Q, U, V)。在球面坐标中，该点对应的坐标为 $(2\theta, 2\beta)$。球面上每点坐标对应特定的偏振态，即光的每一种偏振态在邦加球面上均有相应的位置。通过观察可知，右旋椭圆偏振光位于上半球面，左旋椭圆偏振光位于下半球面，右旋圆偏振光与左旋圆偏振光分别对应球体的上下两个极点，线偏振光对应球体的赤道线。邦加球面上的光为完全偏振光，球体内的各点表示部分偏振光的偏振态，球心位置对应自然光。

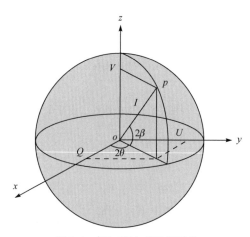

图 2.6 邦加球法表示偏振光

邦加球能够形象直观地表示不同偏振态的光，这是邦加球法最大的优势，但是其表示过程较为复杂，因此该方法的适用范围有限。

2.2　偏振光与浑浊介质的相互作用

2.2.1　偏振光在浑浊介质中的电磁散射

光在浑浊介质中传播时根据介质中异质体的粒径大小不同而发生反射或散射现象：当异质体粒径远大于入射光波波长时，发生光的反射；当异质体粒径小于或等于入射光波长时，则发生光的散射。对于一般的浑浊介质来说，通常存在于其中的异质体大小与可见光波长在同一数量级范围内，因此光在浑浊介质中传播时发生的主要现象是光的散射。这种具有散射特征的介质也称为散射介质。

在介绍浑浊介质中相关的光学特征参量前，有必要对光的散射基本分类做简单的描述。

严格来说，同一入射光作用于不同散射颗粒，在同一方向上的散射光具有一定的位相关系。由于小颗粒的微小位移或散射角度极微小的变化会改变其位相差，因此大量无规则杂乱分布的小颗粒散射的净效应可以认为是各个颗粒散射光强的叠加，而不用考虑其位相关系。当散射体之间距离很近时，就必须要考虑相互间的位相关系，这种散射称为相关散射，其数学处理要比非相关散射复杂得多。对于大多数的溶胶液体，包括烟、雾霾、海水、生物组织，基本都满足非相关散射的条件。

按照光在散射介质中与散射体发生碰撞时能量传递的关系，可以将散射分为弹性散射和非弹性散射。对于弹性散射，在相互作用过程中，只存在动能交换，粒子的类型及内部运动状态均不发生变化。瑞利散射和 Mie(米氏)散射属于弹性散射的范畴，布里渊散射、拉曼散射和康普顿散射等则属于非弹性散射的范畴。

当异质体粒径小于光波长时，发生瑞利散射。瑞利散射特定方向上的散射光强度与入射光波长的四次方成反比(因此，我们所看到的晴朗的天空基本上是波长短的蓝色，而不是太阳光的颜色)。对于一定波长的散射光，其光强与 $(1+\cos\theta)$ 成正比，其中 θ 为散射光与入射光之间的夹角，各方向的散射光强度不同，并且几乎是全偏振的。

对于粒径与光波长相当的粒子，瑞利散射将不再适用。古斯塔夫·米于 1908 年提出一种严格的方法，称作 Mie 散射方法，用以计算对任意尺寸的均匀球体(相对于入射光波长)的散射光强。根据其理论，当散射粒子半径与入射光波长之比很小时，总散射光能与波长之间的关系与瑞利散射定律一致；当这一比值较大时，总散射光能将随这一比值的增大而出现起伏。对于足够大的散射粒子，可以得到几乎与波长无关的散射。与瑞利散射相比，Mie 散射具有以下特点。

① 散射强度比瑞利散射大得多，散射强度随波长的变化不如瑞利散射那样剧烈。随着尺度参数增大，散射的总能量很快增加并最后以振动的形式趋于一定值。

② 散射光强随角度变化出现许多极大值和极小值，当尺度参数增大时，极值的个数也增加。

③ 当尺度参数增大时，前向散射与后向散射之比增大，使粒子前半球散射增大。Mie 散射的散射光强随着粒子尺寸的变大具有更强烈的前向趋势，如图 2.7 所示。

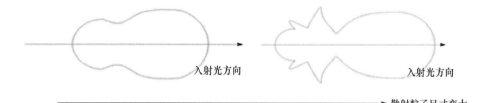

图 2.7　Mie 散射的散射光强随着粒子尺寸的变大具有更强烈的前向趋势

当尺度参数很小时，Mie 散射结果可以简化为瑞利散射；当尺度参数很大时，Mie 散射结果与几何光学结果一致；在尺度参数比较适中的范围内，只有用 Mie 散射才能得到唯一正确的结果。因此，Mie 散射计算模型能广泛地描述任何尺度参数均匀球状粒子的散射特点。

在实际应用中，我们通常定义相对粒径 α 来判定适用于何种散射理论，即

$$\alpha = \frac{\pi d}{\lambda} \tag{2-48}$$

其中，d 为散射体直径；λ 为入射光波长。

当 $\alpha \leqslant \frac{\pi}{10}$ 时，由于散射波的振幅较小，散射振幅及相位的无穷级数解可由这个无穷级数前几项的和近似，这种情况的散射属于瑞利散射；当 $\frac{\pi}{10} < \alpha \leqslant 50$ 时，散射属于 Mie 散射；当 $\alpha > 50$ 时，此时发生的散射属于几何光学范畴，在散射介质中产生反射和折射。

浑浊介质的光学特性一般用散射系数、消光系数、各向异性因子等参量来表征，这些参量与散射颗粒的大小、折射率及入射光波长等因素存在密切的关系[170]。

我们定义一个散射颗粒在单位时间内散射的全部光能量 E_s 与入射光强 I_0 之比为散射截面，记作 C_s。

散射截面与散射体迎着光传播方向的投影面积 S_p 之比称为散射系数 μ_s，即

$$\mu_s = \frac{C_s}{S_p} = \frac{E_s}{I_0 S_p} \tag{2-49}$$

显然，散射系数等于一个颗粒单位时间单位面积内散射的全部光能量与投射到散射体上的全部光能量之比。

将 $l_s = 1/\mu_s$ 定义为散射平均自由程(mean free path，MFP)，表示光子在散射体间连续两次碰撞所传播距离的平均值。

散射系数是波长的函数，例如在近红外光波段，生物组织散射系数一般在 $10\mathrm{mm}^{-1}$ 左右，且随着光波长的增加而略微下降。

当颗粒受到光照射时，除了散射之外还常伴随着吸收。被颗粒吸收的光能量转变为其他形式的能量不再以光的形式出现。这与散射的情况明显不同。用同样的方法可以定义吸收系数 μ_a，即

$$\mu_a = \frac{C_a}{S_p} = \frac{E_a}{I_0 S_p} \tag{2-50}$$

其中，C_a 为吸收截面；E_a 为吸收的光能量。

实际上，当光通过介质时，沿原传播方向的透射光强度逐渐减弱，这是由散射体对入射光的散射和吸收两个因素引起的，与颗粒的物理性质有关。当散射体为非耗散介质时，消光完全由散射引起；反之，当散射体为耗散介质时，散射和吸收将同时存在。具体哪个因素占优势，则要根据散射体相对于周围介质的复折射率中实部与虚部的大小而定。

散射介质的消光系数 μ_t 可以定义为散射物质对入射光的散射系数 μ_s 与吸收系数 μ_a 之和。当在散射介质中的传播路径小于散射平均自由程时，可以忽略多次散射的影响，由 Lambert-Beer(郎伯-比尔)定律得到透射光强，即

$$I = I_0 \mathrm{e}^{-\mu_t l} \tag{2-51}$$

对于光传播路径长度大于散射平均自由程的情况，由于多次散射的影响增加了光子被吸收的概率，需要用一个修正的 Lambert-Beer 定律来描述，此时透射光强为

$$I = I_0 \mathrm{e}^{-\mu_t l_1} \tag{2-52}$$

其中，$l_1 = \eta l$，η 称为路径因子。

另一个重要的参数为各向异性因子 g，它与散射相函数相关，定义为光子发生散射时散射角 θ 的余弦加权平均值，即

$$g =< \cos\theta >= \int_{4\pi} p\cos\theta \mathrm{d}\Omega \tag{2-53}$$

其中，p 为相位函数，表示散射发生时光子偏转角的概率分布；$\mathrm{d}\Omega$ 为立体角元。不同 g 值时对应的散射分布如图 2.8 所示。

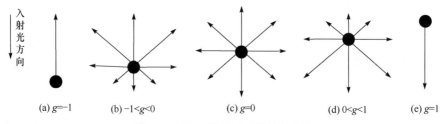

(a) $g=-1$ (b) $-1<g<0$ (c) $g=0$ (d) $0<g<1$ (e) $g=1$

图 2.8 不同 g 值时对应的散射分布

当 $g=0$ 时，表示散射体对入射光的散射是各向同性的或者是关于90°散射角对称的，此时对应瑞利散射；当 $g=1$ 时，表示完全对称，非均匀地前向散射；当 $g>0$ 时，表示前向散射占优；当 $g<0$ 时，表示后向散射占优。

2.2.2 光在浑浊介质中的散射过程

1. 单次散射

对于在水中传输的光波，当水中微粒对光的散射过程为单次作用时，其对应的散射称为单次散射。该过程发生的条件通常是散射介质包含的微粒较稀疏。光在浑浊介质中单次散射如图 2.9 所示[171]。其中，I_0 为入射光的强度，I 为散射光的强度。可以看出，经过粒子的散射作用，入射光的原始传输方向发生了改变。

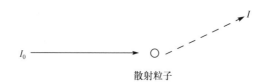

图 2.9 光在浑浊介质中单次散射

2. 多次散射

光在浑浊介质中发生单次散射作用是一种理想化的状态。通常情况下，光在介质中的传输是较为复杂的过程。介质中的微粒是随机运动的，因此发生的散射次数也不确定。单次散射常常伴随多次散射一起发生，我们把光子与微粒之间的散射次数大于等于二次时的情况称为多次散射。该过程常常发生在散射程度较高的介质中。光在浑浊介质中的多次散射类型如图 2.10 所示。

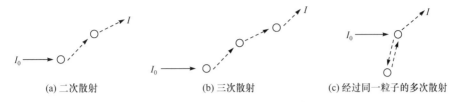

(a) 二次散射　　　　　(b) 三次散射　　　　(c) 经过同一粒子的多次散射

图 2.10　光在浑浊介质中的多次散射类型

以上为多次散射过程的简化模型，其对于研究光在散射介质中的传输特性非常有用。单次散射只是在一定程度上描述介质对光子的散射特性。在多数情况下，光子的散射是一个较为复杂的过程，所以必须考虑多次散射行为来研究光在散射介质中的传输特性。我们可以将多次散射过程看作是诸多单次散射过程的叠加。该叠加是统计意义上的叠加，而非简单的直接叠加。在实际情况中，多次散射是降低水下目标探测与识别过程中信噪比的主要原因。当浑浊介质中微粒的尺度与入射光的波长相当时，光与浑浊介质的相互作用以 Mie 散射为主；当浑浊介质中微粒的尺度小于入射光的波长时，光与浑浊介质的相互作用以瑞利散射为主。海水中存在各种悬浮颗粒，因此光在海水中传输时发生的散射以 Mie 散射为主。根据 Mie 散射理论，当线偏振光在由各向同性球形粒子构成的浑浊介质中传播时，散射光的偏振态依然为线偏振光；线偏振光在由各向异性的球形粒子构成的介质中传播时，散射光会发生退偏作用，变为部分偏振光。

3. 光在浑浊介质中传播过程

光在浑浊介质中的传输实际上是一个十分复杂的过程，会由散射介质内存在的非均匀性发生反射、吸收及散射等多种行为，入射光的偏振态、强度、方向性等均会有所改变。如何从散射光的偏振信息中提取出有价值的内容，获得目标物的相关信息，是对散射光偏振特性进行研究的主要内容。

根据前面所提到的散射理论，对于作用于浑浊介质的入射光而言，经过浑浊介质作用后大致可以分三种类型(图 2.11)。

① 漫射光，也称为多重散射光。这部分光子在浑浊介质中发生多重散射，其初始状态(强度、偏振态、方向、相位)发生较大改变，出射方向随机，而且从探测器接受光信号的角度来讲，漫射光子在浑浊介质中传播的路径最长，因此传播时间也是最长的。

② 弱散射光，通常也称为蛇形光。这部分光子在介质中传播时仅发生有限次数的散射，其出射方向与光入射方向之间的夹角很小，传播路径也相对较短。虽然不能完全保持入射光的初始状态，但带有部分散射介质内部或目标物的结构信息。这对于目标探测而言仍是可以利用的。

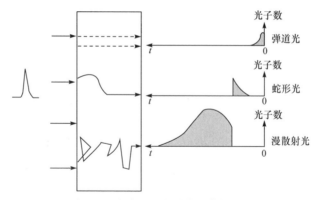

图 2.11　光在浑浊介质中的传播类型

③ 非散射光，也称为弹道光。顾名思义，其在浑浊介质中不发生散射，传播方向沿入射光方向，因而经历最短的光程。由于这部分光子基本保持入射光的初始状态，因此携带着散射介质内部或目标物的大部分结构信息，成为目标探测中最重要的部分。

从光在浑浊介质中传播的情况来看，要获取浑浊介质内部结构信息或者浑浊介质中目标物的结构信息，关键的问题在于如何将携带有结构信息的弱散射光和非散射光提取出来，并将漫射光排除在外。例如，在光学医用层析成像中，若被测组织的几何厚度超出一定范围，那么其透射光中所含的非散射光将极少，且主要是弱散射光和漫射光，利用弱散射光与漫射光在组织中传播时间的差异可以形成分辨率较好的透析图像。

实际上，已经有各种较为成熟的门控技术(包括时间门、相干门、空间门和偏振门等)用以分离非散射光(包括弱散射光)和漫射光。

时间门是根据入射光经过散射介质后到达探测器的时间不同，通过时间顺序来将弹道光，蛇形光和漫射光区分开。通过不同的技术可以产生时间门，如采用条纹相机作时间门、飞秒相关时间门、时间相关单光子计数等。虽然时间门的产生可用多种方法，但这种技术主要依赖超快激光装置，所需设备价格昂贵，不易实现。

相干门是利用弹道光或蛇形光散射次数少，可与从入射光分出的参考光束相互干涉而形成。当用长脉冲和宽带光谱的光源时，脉冲的相干时间短，就相当于形成一个超快时间门。相干门技术包括光学相干层析技术、全息技术、四波混频技术等。

空间门技术是利用弹道光和蛇形光在入射光方向出射，而散射光的出射方向是随机分布的，放置小孔径光阑于入射方向来收集弹道光和蛇形光而排除大量的漫射光。共焦成像和傅里叶空间滤波是两种常用的空间门技术。但空间门技术由于不能滤除沿入射光方向出射的漫射光子，因此通常需要结合时间门技术才能获得较好的图像效果。

偏振门技术是利用介质后向或前向散射光的偏振特性来获取目标物的偏振图像，是一种非常有效地提高图像对比度及探测距离的技术。其主要原理是利用偏振光入射到浑浊介质后，弹道光和蛇形光在传播过程中可以较好地保持入射偏振态，而漫射光子由于在多次散射的过程中其偏振特性已完全破坏，偏振态是随机的，利用它们之间的差异将容易造成背景噪声的漫射光分离出来。

满足 Mie 散射条件的 10%脂肪乳(Intralipid)溶液具有其高散射、低吸收的特点，可以作为模拟成像实验的理想散射介质，但根据麻省理工学院 Hee 等[172]的研究结果，对于弹道光和蛇形光，在高散射介质中的传播满足 Beer 指数衰减定律，与散射平均自由程或待测样品厚度相关，其穿透深度是由量子点噪声决定的，在生物组织中传播时还与生物组织的损伤阈值相关。这也决定了利用弹道光或蛇形光进行目标探测时探测距离受限，必须考虑弹道光子在散射介质中能穿越的最大距离；而在这个距离之外，弹道光或蛇形光将由于散射或吸收衰减而无法探测。漫射光子穿透深度则要大于弹道光子，因此目前也有利用散射介质的后向漫射光分布特性开展生物医学成像方面的研究工作。

2.3　偏振光在浑浊介质中的传输特性

2.3.1　浑浊介质中典型光学特征参量测量

我们对浑浊介质光学特征参量的测量主要集中在散射体粒径大小及分布情况、入射光在通过浑浊介质时的有效衰减系数。

常用的理想散射仿体包括牛奶、脂肪乳溶液、聚苯乙烯微粒球及二氧化钛颗粒等物质。由于脂肪乳溶液与生物组织相似，主要是由大豆制成的均匀油脂悬浮液，其粒径一般在 $0.1 \sim 1.1 \mu m$ 之间，具有双膜结构，散射特性接近于人体，是一种良好的，可模拟生物组织、海水光学特性的强散射介质，因此是我们研究的典型对象。

实验选取 10%脂肪乳溶液作为测试目标，这种介质具有高散射、低吸收的特点，是研究浑浊介质光学特征参量最常用的一种理想散射介质。

1. 10%脂肪乳溶液粒径测量

实验用 10%脂肪乳溶液 500mL 中包括 11g 甘油、6g 卵磷脂、50g 大豆油、430.5g 水。

甘油在水中溶解成单个分子且不散射光。这种水+甘油溶液和纯水的折射率差异对散射参数测量没有影响。

在 10%脂肪乳溶液中，大约一半数量的卵磷脂被用作密封豆油，多余的卵磷脂则形成小的双层囊泡。10%脂肪乳溶液粒子模型示意图如图2.12所示。引起光散射的主要颗粒是豆油，由卵磷脂密封在单层膜内(厚度为2.5～5nm)。卵磷脂的折射率未知，因此在散射参数计算中通常假设其与豆油的折射率相同。

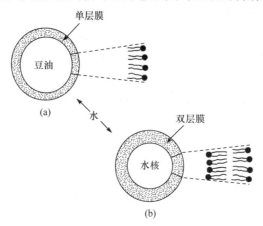

图 2.12　10%脂肪乳溶液粒子模型示意图

　　10%脂肪乳溶液中散射颗粒的大小及分布测量采用Zetasizer Nano S型粒度仪(图2.13)进行，其主要工作原理基于动态光散射法(dynamic light scattering，DLS)，即用激光照射粒子，测量粒子的布朗运动，根据此运动与粒径的关联关系，通过分析散射光的光强波动来测量粒径。我们知道，布朗运动一个重要的特点是：小粒子运动快速，大颗粒运动缓慢。这样，布朗运动引起的粒子不停地运动，就会导致散射光斑随之移动。干涉叠加后干涉相长与相消也将引起亮区和暗区的不断变化。由于做布朗运动的粒子速度与粒径大小相关(Stokes-Einstein方程)，通过相关函数的测量(相关函数衰减的速度与粒径相关，小粒子的衰减速度大大快于大颗粒)，可以计算出粒径分布。动态光散射法生成的基础粒径分布体现的是光强度分布，可以由Mie散射理论转化为相应的体积分布、数量分布。

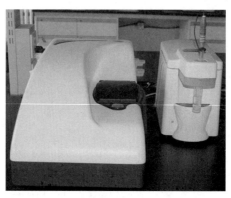

图 2.13　Zetasizer Nano S 型粒度仪

　　粒度仪的工作原理如图 2.14 所示，功率为 4mW，波长 633nm 的 He-Ne 激光器①作为探测光源用来照射样品池②，探测光经过样品池后向四周散射，在与入射光垂直方向放置检测器③(雪崩光电二极管)可以监测到散射光。由于粒子向所有方向散射光，理论上将检测器置于任何位置都是可以的，但散射光强必须在检测器的特定范围以免检测器发生过载现象，因此在样品池前放置了一个可动态调节的衰减器④(透射率 0.0003%～100%)。将检测器的散射光强信号传递至相关器⑤，相关器在连续时间间隔内比较散射光强以得到光强变化的速率，然后将相关器信息传递至计算机，计算机通过分析软件得到粒径信息。

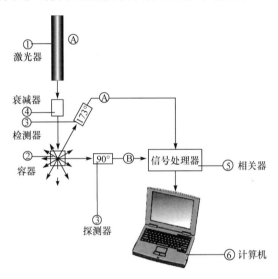

图 2.14　粒度仪的工作原理

　　具体测试方法是将 1mL 的 10%脂肪乳溶液加入 199mL 的去离子水中配成体积浓度为 0.5%的测试样品，放入粒度仪样品池(低容量石英样品池)，设置温度为 25.0℃，测试周期为 70s，平均光强为 198.1，衰减系数为 9。

　　经过 70s 测量后，10%脂肪乳溶液的粒径分布如图 2.15 所示。从测试结果可以看到，经配制后的 10%脂肪乳溶液中散射颗粒的平均粒径为 249nm，而强度的粒径分布数据显示，约 67%的散射颗粒直径分布在 190～300nm 的范围内，分布系数为 0.113，粒子粒径均一程度较好，处于动态光散射分析方法的最佳适用范围内。大部分颗粒截面直径在 100nm 以下的都被忽略掉，对于面积为 A，周长为 S 的散射颗粒，其截面的形状系数 PE(周长偏心率)定义为

$$PE = \frac{4\pi A}{S^2} \tag{2-54}$$

　　形状系数越接近于 1(对于任意的非球形颗粒 PE<1)，颗粒越接近球形。根据

平均粒径值近似计算的 10%脂肪乳溶液中散射颗粒形状系数接近于 1，而相对粒径 α 满足 $\frac{\pi}{10} < \alpha \left(= \frac{249\pi}{633} \right) < 50$。这样，从形状系数、相对粒径大小就可以确定 10% 脂肪乳溶液散射参数的计算适用于 Mie 散射理论的范围。

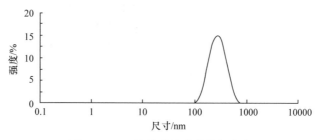

图 2.15　10%脂肪乳溶液的粒径分布

2. 10%脂肪乳溶液有效衰减系数测量

光在散射介质中的有效衰减系数 μ_t 是指沿探测光传播方向上某点处光强变化的比率，即

$$\mu_t = -\frac{1}{I}\frac{\mathrm{d}I}{\mathrm{d}z} \tag{2-55}$$

其中，z 为探测光传播方向；$\mathrm{d}z$ 为沿传播方向的无限小体元；I 为探测光强度；$\mathrm{d}I$ 为经过 $\mathrm{d}z$ 后光强变化值。

μ_t^{-1} 代表探测光在一定浓度条件下，在散射介质中的衰减长度。

激光透射衰减系数测量示意图如图 2.16 所示。探测光源为 Melles Griot 25-LHD-991-230 型 He-Ne 激光器，输出功率为 10mW，光束直径($1/e^2$)为 0.65mm，发散角为 1.24mrad，波长为 632.8nm，He-Ne 光经过中性滤光片衰减后进入一个规格为 $10\text{mm} \times 10\text{mm} \times 45\text{mm}$ 的石英比色皿。比色皿内加入 10%脂肪乳溶液。不同浓度的 10%脂肪乳溶液是由 10%脂肪乳原液与去离子水按体积百分比配制而成。具体做法是在 125mL 的去离子水中加入不同体积的 10%脂肪乳原液，混合均匀后形成不同浓度的悬浊液。在比色皿后表面处放置一个直径为 2mm 的针孔，针孔与探测光传播方向保持一致。探测光在 10%脂肪乳溶液中经过散射后，通过针孔进入光电探测器，光电探测器为 Thorlabs 公司的 DET10A/M 型硅探测器，可响应波长范围为 200~1100nm，有效作用面积为 0.8mm^2，由数字示波器(普源 DS1102E，带宽 100MHz)记录光强大小。对应每一个浓度值的透射光强测量，先让探测光通过未加入 10%脂肪乳溶液的空比色皿，测量出射光强作为探测光强度 I。由于溶液浓度较低时，透射光强可能过大而超出光电管的测量阈值造成饱和，因此在光源与比色皿之间可以加入中性滤光片来衰减入射光强，根据溶液浓度值的不同，可以选用不同倍率的滤光片。对应每个浓度值测量出的透射光强，其入射光强也不同。

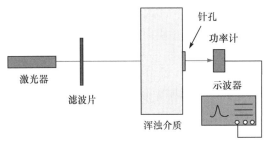

图 2.16　激光透射衰减系数测量示意图

根据示波器记录的透射光强，按照式(2-55)可以求出不同浓度值下对应的有效衰减系数。有效衰减系数随溶液浓度变化关系图如图 2.17 所示。随着浓度的逐渐增加，光电管的测量准确性在不断降低，这主要是由于透射光强过低而接近光电管阈值下限造成的。图中分散点是根据实验测量结果由式(2-55)计算出的，可以看出当加入去离子水中的 10%脂肪乳原液体积小于 1mL 的情况下，有效衰减系数的取值可以近似用一个通过原点的直线方程来拟合，即

$$\mu_t = (3.6 \times V_{10\%\text{-Intralipid}} + 0.18) \times 10^2 \tag{2-56}$$

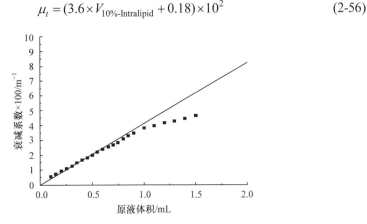

图 2.17　有效衰减系数随溶液浓度变化关系图

根据这个近似的直线方程，对后面实验涉及的注入 10%脂肪乳原液体积大于 1mL 的情况，我们都利用这个方程来近似计算有效衰减系数。通过有效衰减系数的计算即可获得一定浓度条件下入射光通过散射介质时的衰减长度。例如，在 125mL 去离子水中加入 0.5mL10%脂肪乳原液，此时悬浊液的浓度为 0.4%，有效衰减系数为198m^{-1}，衰减长度为 5mm。这对于我们在后面的偏振成像实验中目

标物位置的选取设定一个定量的参考标准，可以根据目标物在不同倍率的衰减长度位置处开展相应的偏振成像实验研究。

2.3.2 偏振光在散射介质中的前向传输特性

本节实验研究偏振光在浑浊介质中的散射特性。

1. 实验测量装置

图 2.18 所示为浑浊介质中偏振光前向传输特性测量装置。其中，氦氖激光器的工作中心波长为 632.8nm，功率为 10mW，起偏器使输出光的偏振态为线偏振光。沿着光的传播方向，第一个 1/4 波片可以确保线偏振光与圆偏振光的出射，当 1/4 波片的快轴或慢轴与从氦氖激光器出射的线偏振光的偏振方向相同(45°夹角)时，入射到散射介质中的偏振光状态为线偏振光(圆偏振光)。实验使用的散射介质由 10%的脂肪乳溶液(各向异性系数 $g=0.7$)与去离子水混合制成，并放置在光学性能较好、尺寸大小为 5cm ×5cm ×5cm 的石英比色皿中。第二个 1/4 波片与线偏振片的组合用来检测前向散射光的偏振态，激光功率计作为探测器来记录出射光的强度值。

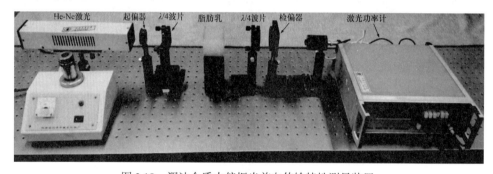

图 2.18 浑浊介质中偏振光前向传输特性测量装置

2. 线偏振光在散射介质中的前向传输特性

首先研究线偏振光在脂肪乳溶液中的前向散射特性。脂肪乳溶液的体积浓度变化范围为 0%~0.3%，变化间隔为 0.02%。测量结果如图 2.19 所示。

在实验测量过程中，为尽量减小仪器，以及外界环境所带来的噪声，对同一实验结果测量四次并取平均值。实验入射光的偏振态为[1 1 0 0]^{T}。由图 2.19(a)可知，散射光的 Stokes 参量 I 与 Q 的值基本相等，Q 与另外两个 Stokes 参量 U 和 V 之间的耦合效应不明显，因此 U 和 V 的数值与 I 和 Q 的数值相比可以忽略，为此只关注 I 与 Q，以及偏振度的数值。

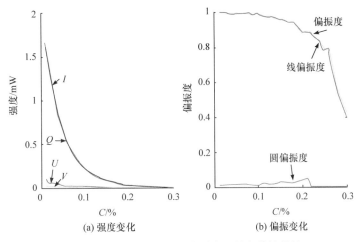

(a) 强度变化　　　　　　　　(b) 偏振变化

图 2.19　线偏振光在散射介质中的前向传输特性

由图 2.19 可以得到，Stokes 参量和偏振度均随脂肪乳溶液浓度的增加呈现下降的趋势。在实验中，脂肪乳溶液浓度与散射系数是相对应的，脂肪乳溶液浓度的增加将导致浑浊介质中微粒数的增多，从而使微粒对光子的散射作用增加，因此散射系数增加；反之，微粒对光子的散射作用降低，散射系数降低。光通过散射介质时，强度的衰减近似满足比尔定律，通过直接观察曲线中每一点处切线斜率的数值，可以看出强度曲线的衰减程度随着散射程度的增加逐渐降低，而偏振度曲线的衰减程度则随散射程度的增加逐渐增加，二者呈相反的变化趋势。

借助图 2.20 所示的光在浑浊介质中传输时对应的散射过程可以对上述规律进行分析。在散射程度较低的情况下，经历少次散射的光子会偏离原来的传输方向，未经散射的光子会继续沿原来的传输方向到达光探测器。由于经历散射的光子未到达检偏器，因此测得的光强较小，如图 2.20(a)所示。随着散射程度的增加，光子所经历的散射次数增加，散射次数较多的光子的传输方向变得杂乱无章，导致进入激光功率计的散射光子数增加，光强衰减变得平缓，如图 2.20(b)所示。对于偏振度曲线，在散射程度较小的情形下，进入探测器的光子主要是未经散射的光子和部分经历了少次散射的光子，此时散射光子的光强虽然较低，但是其对偏振

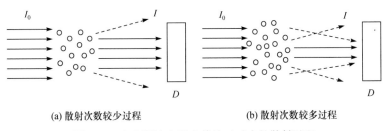

(a) 散射次数较少过程　　　　　　　　(b) 散射次数较多过程

图 2.20　光在浑浊介质中传输时对应的散射过程

特性的保持能力较强。随着散射程度的增加，经历漫散射的光子进入光探测器，漫散射光子使光子的偏振方向变得杂乱无章，在某一方向的振动优势不再那么明显，漫散射过程使光子的保偏特性降低，导致前向散射光子的偏振度数值曲线在散射程度较大时变化明显。

3. 圆偏振光在散射介质中的前向传输特性

图 2.21 所示为圆偏振光在脂肪乳溶液中的前向散射特性。脂肪乳溶液的浓度变化范围为 0%～0.3%，浓度变化间隔为 0.02%。入射光是偏振态为$[1\ 0\ 0\ 1]^T$的圆偏振光。观察图 2.21(a)可知，圆偏振光入射时，前向散射光中的圆偏振分量与线偏振分量间的耦合效应非常小，Stokes 参量 Q 与 U 的数值在整个脂肪乳溶液浓度的变化范围内数值一直较小；Stokes 参量 I 与 V 的数值比较接近。图 2.21(b)表示前向散射光的偏振度数值随脂肪乳溶液浓度的变化。由此可知，入射光为圆偏振光时，前向散射光中的线偏振分量的偏振度一直保持较低的数值。通过对比图 2.19(b)与图 2.21(b)所示的偏振度数值曲线随脂肪乳溶液浓度的变化趋势，可以观察到线偏振光入射时曲线中每一点处切线的斜率均大于圆偏振光入射时曲线中每一点处切线的斜率。线偏振分量的偏振度数值由 1 降到 0.41，圆偏振分量的偏振度由 1 降到 0.5。实验数据充分证明，圆偏振光与线偏振光相比，其在脂肪乳溶液中传输时较好的保偏能力。同样，与线偏振光入射时的情形类似，圆偏振光入射时的退偏程度与强度的衰减程度仍然呈现相反的趋势。

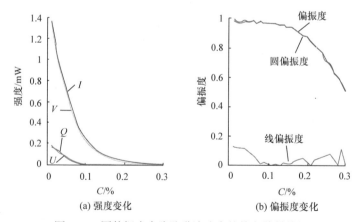

(a) 强度变化　　　　　　　　(b) 偏振度变化

图 2.21　圆偏振光在脂肪乳溶液中的前向散射特性

由图 2.19 与图 2.21 可见，当偏振光在脂肪乳溶液中传输时，入射光不论是线偏振光还是圆偏振光，均具有较强的保偏特性，线偏振分量与圆偏振分量之间的耦合效应不明显。相较出射光强度值的变化规律，出射光的偏振度数值随着散射程度的增加而衰减的过程较慢。在脂肪乳溶液中，粒子对光的散射作用会导致光线的传输偏离原来的方向，造成光线传播方向随机化，导致偏振光的退偏程度增加。图 2.19 与图 2.21 的数据表明，相较光传播路径的随机化过程，光的退偏特性表现得明显稍弱。图 2.22 进一步比较了线偏振光与圆偏振光经历前向散射之后的偏振特性。由图 2.22(a)可以得出，线偏振光偏振度随脂肪乳溶液浓度增加而减弱的特性明显低于光强度的衰减特性，即散射程度的增加改变光传输方向的程度更为明显，到达探测器的光能量降低。由图 2.22(b)可知，圆偏振光随脂肪乳溶液浓度增加而衰减特性也显著低于光强度的衰减程度。衰减程度的计算公式为

$$\eta_0 = \frac{I}{I_0} \tag{2-57}$$

$$\eta_P = \frac{P}{P_0} \tag{2-58}$$

其中，η_0 为光强衰减系数；η_P 为光偏振度衰减系数。

　　随着散射程度的增加，光强与偏振度均呈现下降趋势。在整个散射程度的范围内，偏振光的偏振度始终保持在 0.4 以上，而光强度值在脂肪乳溶液浓度为 0.3%时几乎为零。这说明，在散射介质中，入射光不论是线偏振光，还是圆偏振光，其保偏特性均可以得以较好地保持。图 2.22(c)比较了线偏振光与圆偏振光在散射介质中传输时的偏振特性。由此可知，在脂肪乳溶液中，线偏振光的保偏特性优于圆偏振光的保偏特性。这与上面的结论并不矛盾，因为此处是对线偏振光与圆偏振光的衰减程度进行对比，并非偏振度数值的比较。需要注意的是，在图 2.22(c)中的小方框以后的浓度处，圆偏振光的保偏特性要高于线偏振光。这是由于此时浑浊介质对偏振光的散射程度较强，光强度值较小，激光功率计的精度已很难保证所测数据的准确性，因此只考虑方框对应的脂肪乳溶液浓度值之前的数据。在图 2.22 中，纵坐标衰减比例定义为不同脂肪乳浓度下探测到的前向散射偏振光的数据与原始入射偏振光的比例。

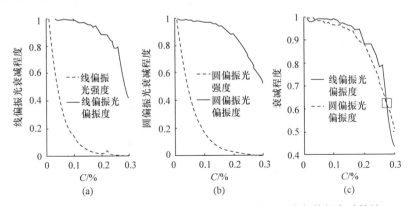

图 2.22　线偏振光与圆偏振光在脂肪乳溶液中的强度与偏振衰减特性

2.3.3　偏振光在散射介质中的后向传输特性研究

1. 实验测量装置

图 2.23 所示为浑浊介质中偏振光后向散射特性测量装置。实验使用的测量仪器与图 2.18 中测量偏振光前向散射特性的仪器相同。仍选用 10%脂肪乳溶液为散射介质，为了保证测量结果的准确性，仍利用多次测量求平均值的方法减小测量误差。实验测量的最终目的是获取偏振光散射特性与散射程度之间的函数关系。浑浊介质对偏振光的散射程度可以通过改变脂肪乳溶液的浓度来实现。

图 2.23　浑浊介质中偏振光后向散射特性测量装置

在测量偏振光后向散射特性的过程中，考虑在实际探测过程中，主动成像时光源与探测器通常情况下是放置在同一个探测平台上，因此尽量使后向探测角 θ 接近 0°，使实验结果更加接近真实环境，以便将实验结果更好地应用于实际。为了分析探测器和光源之间的夹角，设激光光源与石英比色皿之间的距离为 d_1，石英比色皿与检偏器之间的距离为 d_2，激光光源与探测器之间的距离为 d_3。由三角函数知识中的余弦定理可得

$$\frac{d_1^2 + d_2^2 - d_3^2}{2d_1d_2} = \cos\theta \tag{2-59}$$

因此可以推导出以下关系，即

$$d_3 = \sqrt{d_1^2 + d_2^2 - 2d_1d_2\cos\theta} \tag{2-60}$$

若假设 d_1 与 d_2 的数值相同，并且两者的值近似相等，均为 L。对于固定的 L 值，d_3 与 θ 有以下函数关系，即

$$d_3 = L\sqrt{2(1-\cos\theta)} \tag{2-61}$$

通过式(2-61)可以观察到，当 L 的数值一定时，后向探测角 θ 越小，激光光源与探测器之间的距离越小。由于实验仪器具有一定的体积，我们在实验中能实现的最小后向探测角 θ 约为 7°。

2. 线偏振光在散射介质中的后向传输特性

研究线偏振光在脂肪乳溶液中的后向散射特性。脂肪乳溶液的浓度变化范围仍为 0%~0.3%，脂肪乳溶液浓度的取值间隔为 0.02%。测量结果如图 2.24 所示。在实验测量过程中，为尽量减小仪器和外界环境的噪声对实验结果的影响，仍对同一实验结果测量四次并取其平均值。本次实验中入射光的偏振态仍为 $[1\ 1\ 0\ 0]^{\mathrm{T}}$。

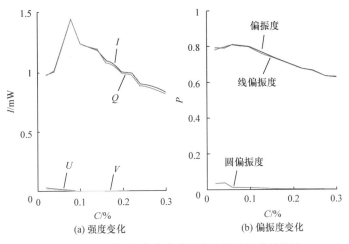

图 2.24　线偏振光在脂肪乳溶液中的后向散射特性

由图 2.24(a)可以观察到 Stokes 参量 I 与 Q 的值基本相等。在后向散射过程中，散射光的保偏振特性使 Stokes 参量 Q 与 U、V 之间的耦合效应不明显。相比于 I 和 Q 的数值，U 与 V 的数值很小，可以忽略。这里利用偏振度的概念来研究偏振光在散射介质中的退偏行为。值得注意的是，与偏振光在浑浊介质中的前向传输特性不同：前向散射光的能量一直呈现类指数形式的衰减分布，后向散射光的能量分布趋势为先增大后减小。偏振散射光的能量先由 0.983 mW 增加到最大值 1.446 mW，之后一直衰减为 0.83 mW。线偏振光的后向散射现象可以解释为，当脂肪乳溶液的浓度较低时，浑浊介质中的微粒对传输光的散射作用较弱，因此激光功率计探测到的后向散射光强较小；当脂肪乳浓度逐渐增加时，介质对光的散射作用也随之增强，在散射浓度为 0.08%时后向散射光强达到 1.446mW；当散射浓度进一步增加时，介质对光的多次散射作用开始增强，后向散射光的传输方向变得杂乱无章，因此光能量开始降低。

　　从图 2.24(b)还可进一步研究后向散射光的退偏特性。由图可见，后向散射光与前向散射光类似，具有较好的保偏特性，但其偏振度数值首先随着散射程度的增加而增加，而后随着散射程度的增加而降低，在 0.08%散射浓度处达到最大值 0.809，这可由上面的理论来解释。值得注意的是，在散射浓度变化的过程中，与前向散射光相比，后向散射光的偏振度一直保持较大的数值，且衰减过程较慢。该现象可以通过偏振度数值曲线中每一点处的切线斜率变化观察到。

3. 圆偏振光在散射介质中的后向传输特性

　　图 2.25 描述了脂肪乳溶液中圆偏振光的后向散射特性。脂肪乳溶液浓度的变化范围为 0%～0.3%，入射圆偏振光的偏振态为 $[1\ 0\ 0\ 1]^T$。由图 2.25(a)可以观察到，圆偏振参量与线偏振参量之间的耦合效应非常小，Stokes 参量 Q 与 U 的数值在整个脂肪乳溶液浓度的变化范围内数值一直较小；I 与 V 的数值比较接近，说明入射光为圆偏振光时出射光的保偏能力与入射光为线偏振光时的情形相同，均具有较强的保偏能力。进一步观察可得到，随着脂肪乳溶液浓度的增加，圆偏振光的后向散射强度仍然呈现先增加后减小的分布趋势。该现象的出现与线偏振光的后向散射物理过程机制类似。需要说明的是，对 Stokes 参量 V 的数值为其实际值的绝对值。这是由于圆偏振光在发生后向散射的过程中，其旋转特性会发生改变，因此实际测量的 V 值为负值。

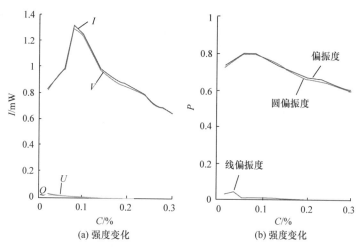

图 2.25　脂肪乳溶液中圆偏振光的后向散射特性

　　图 2.25(b)表示入射光为圆偏振光时，后向散射光的偏振度值随脂肪乳溶液浓

度的变化趋势。可以看出，线偏振度一直保持较小的数值；后向散射光的偏振度数值同样表现出先增大后减小的分布趋势，且具有较高的数值，一直保持在 0.590 以上。通过对比图 2.24(b) 与图 2.25(b) 中偏振度值随散射浓度的变化曲线，可以观察到前者曲线中每一点处切线的斜率均大于后者曲线中每一点处切线的斜率，线偏振度的最大数值为 0.809，最小值为 0.632；圆偏振度的最大值为 0.800，最小值为 0.590。可以看出，线偏振光与圆偏振光不仅在前向传输方向表现出不同的散射特性，二者的后向散射偏振特性也不相同。

2.4　浑浊介质中光传输的 Monte Carlo 模拟

Monte Carlo 模拟是一种基于概率统计的仿真模拟方法，可以借助随机数来解决实际问题。Monte Carlo 模拟以概率为基础，是一种具有不确定性的算法，因此在使用时需要用巨大的模拟次数来保证结果的精度。

Monte Carlo 模拟的基本思想是，建立一个概率模型，使关注的解正好为此模型中某一随机变量的期望或者为某种随机事件的发生概率；通过大量的随机试验估计某事件的发生频率。根据概率的统计定义，若随机试验的次数巨大，可近似认为该事件发生的频率就是其发生的概率。最后利用上述概率，可进一步获取所需的物理量。

为了直观地理解 Monte Carlo 模拟，以一个简单例子进行说明。一般情况下，可用微积分法求解一个不规则平面图形的面积。若图形非常复杂，利用微积分求解是极其困难的，此时利用 Monte Carlo 模拟可简单地求解。具体做法是假设有许多小球，将小球均匀地铺在该不规则平面图形上，同时假定小球之间无重叠，且小球都在同一平面上，那么通过计算铺满不规则平面图形的小球个数，就可得到其面积。同时，若小球的体积越小，小球的数目越多，则对该不规则图形面积的求解就越精确。

2.4.1　随机变量抽样

在 Monte Carlo 模拟中，最关键的步骤是对特定概率分布的变量进行随机抽样，因此需要对 Monte Carlo 模拟中的随机数抽样进行简要介绍。

按实际需要定义一个随机变量 χ，在具体的 Monte Carlo 算法中，该变量可以是光子步长，也可是光子散射时的偏转角度。χ 在 (a,b) 区间中满足特定的概率分布函数。按式(2-62)对该分布进行归一化处理，即

$$\int_a^b p(\chi)\mathrm{d}\chi = 1 \tag{2-62}$$

利用伪随机数生成器产生一个在区间 $(0,1)$ 内均匀分布随机数 ξ，对随机变量 χ 进行大量重复抽样。随机数 ξ 满足的概率分布函数为

$$F_\xi(\xi) = \begin{cases} 0, & \xi \leqslant 0 \\ \xi, & 0 < \xi \leqslant 1 \\ 1, & \xi > 1 \end{cases} \tag{2-63}$$

为了能对不均匀概率分布函数 $P(\chi)$ 的变量 χ 进行随机抽样，假定存在一个非递减函数 $\chi = f(\xi)$，则可实现变量 $\chi \in (a,b)$ 和 $\xi \in (0,1)$ 的一一映射，即

$$P\{f(0) < \chi \leqslant f(\xi_1)\} = P\{0 < \xi \leqslant \xi_1\} \tag{2-64}$$

或者

$$P\{a < \chi \leqslant \chi_1\} = P\{0 < \xi \leqslant \xi_1\} \tag{2-65}$$

根据概率统计理论分布函数的定义，式(2-65)可以转化为

$$F_\chi(\chi_1) = F_\xi(\xi_1) \tag{2-66}$$

将式(2-66)左边项展开为概率分布函数的积分形式，并将式(2-64)代入式(2-66)的右边项，可得

$$\int_a^{\chi_1} p(\chi)\mathrm{d}\chi = \xi_1, \quad \xi_1 \in (0,1) \tag{2-67}$$

这样就可借助式(2-67)求解 χ_1，得到函数 $f(\xi_1)$。若函数 $\chi = f(\xi)$ 是非递增函数，可通过同样的推导得到类似于式(2-67)的表达式，即

$$\int_a^{\chi_1} p(\chi)\mathrm{d}\chi = 1 - \xi_1, \quad \xi_1 \in (0,1) \tag{2-68}$$

因为 $1 - \xi_1$ 和 ξ_1 的分布相同，所以式(2-67)等价于式(2-68)。在以后的运算中可通过重复调用式(2-68)进行相应随机变量的抽样。

下面以光子在浑浊介质中传输步长 s 的抽样为例详细说明利用式(2-66)进行随机数抽样的过程。

光子在浑浊介质中传输时，可将其步长 s 的概率密度函数表示为

$$p(s) = \mu_t \exp(-\mu_t s) \tag{2-69}$$

其中，$\mu_t = \mu_a + \mu_s$ 为相互作用系数。

利用式(2-67)，可得到利用随机数 ξ 与随机变量 s_1 间的关系为

$$\xi = \int_0^{s_1} p(s)\mathrm{d}s = \int_0^{s_1} \mu_t \exp(-\mu_t s)\mathrm{d}s = 1 - \exp(-\mu_t s_1) \tag{2-70}$$

对式(2-70)求解，可得 s_1 为

$$s_1 = \frac{-\ln(1 - \xi)}{\mu_t} \tag{2-71}$$

式(2-71)等价于式(2-72)，即

$$s_1 = \frac{-\ln \xi}{\mu_t} \tag{2-72}$$

2.4.2　Monte Carlo 模拟坐标系统

为了顺利完成光子在浑浊介质中的传输，并记录我们关心的物理量，需要建立一定的坐标系来完成整个 Monte Carlo 算法过程。建立如图 2.26 所示的浑浊介质笛卡儿坐标系，追踪光子位置和计算光子方向余弦。一般将光子入射位置设在坐标系原点 O，浑浊介质上表面为 xOy 平面，z 轴正方向垂直于浑浊介质上表面并指向浑浊介质内部。

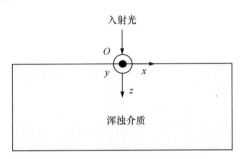

图 2.26　浑浊介质笛卡儿坐标系

2.4.3　光子传输过程实现

1. 发射

由于 Monte Carlo 模拟需要巨大的光子数才能得到可靠的结果，因此运算耗费时间长。我们可通过方差减小 Monte Carlo 算法来提高运算速度。该方法将一定数量的光子当作一个光子包，初始光子包权重设为 1，当光子包在传输过程中发生散射、吸收等相互作用时，光子包权重将不断减小，直至权重小于预先设定的阈值。利用笛卡儿坐标系 (x, y, z) 定义光子包在浑浊介质中的位置，光子包传输方向可用单位矢量 r 来定义，利用方向余弦 (u_x, u_y, u_z) 表示光子包的具体传输方向。u_x、u_y、u_z 分别为光子包目前传输方向与 x、y、z 轴夹角的余弦值。

当光子包发射后，如果介质交界面处的折射率不匹配，那么光子包在介质表面会发生镜面反射。设外界和浑浊介质的折射率分别为 n_1 和 n_2，则镜面反射率为

$$R_{\mathrm{sp}} = \frac{(n_1 - n_2)^2}{(n_1 + n_2)^2} \tag{2-73}$$

当镜面反射发生后，光子包权重会降低 R_{sp}，因此需要更新光子包权重来反映镜面反射对光子包传输的影响，即

$$W = 1 - R_{\mathrm{sp}} \tag{2-74}$$

2. 步长

光子包在浑浊介质中传输时，其传输步长 s 为

$$s = \frac{-\ln \xi}{\mu_t} = \frac{-\ln \xi}{\mu_a + \mu_s} \tag{2-75}$$

当光子包步长确定后，就可以通过光子包当前位置 (x, y, z) 和传输方向余弦 (u_x, u_y, u_z) 来估算光子包将要到达的位置 (x', y', z')，估算式为

$$\begin{cases} x' = x + u_x s \\ y' = y + u_y s \\ z' = z + u_z s \end{cases} \tag{2-76}$$

需要注意的是，(x', y', z') 只是光子包下一步传输可能到达的位置，并不是其真正到达的位置。若要确定光子包真正到达的位置，需做更深入的判断。光子包在完成步长 s 的传输过程中是否碰撞到浑浊介质界面。如果光子包在完成步长 s 的传输过程中碰撞到浑浊介质界面，那么必须计算出光子包当前位置与介质界面的距离 s'。光子包的剩余步长为

$$s_{\mathrm{left}} = s - s' \tag{2-77}$$

那么光子包实际能够到达的位置为

$$\begin{cases} x' = x + u_x s' \\ y' = y + u_y s' \\ z' = z + u_z s' \end{cases} \tag{2-78}$$

3. 吸收

由于浑浊介质具有一定的吸收特性，光子包经过步长 s 的传输到达新位置后，光子包权重会因为吸收作用而降低，损失量 ΔW 为

$$\Delta W = \frac{\mu_a}{\mu_a + \mu_s} W \tag{2-79}$$

此时光子包权重为

$$W' = W - \Delta W \tag{2-80}$$

4. 散射

散射是浑浊介质最重要的特性。当光子包在浑浊介质中传输时，除了受介质吸收作用外，还受介质散射作用的影响。当散射发生后，光子包传输方向将发生改变，利用偏转角 θ ($\theta \in [0, \pi)$) 和方位角 φ 这两个参量可确定光子包传输方向。散射角余弦的概率分布函数可用 Henyey-Greenstein 相函数，即

$$p(\cos\theta) = \frac{1 - g^2}{2(1 + g^2 - 2g\cos\theta)^{3/2}} \tag{2-81}$$

使用 Monte Carlo 算法随机抽样，可得

$$\cos\theta = \begin{cases} \dfrac{1}{2g}\left[1 + g^2 - \left(\dfrac{1 - g^2}{1 - g + 2g\xi}\right)^2\right], & g \neq 0 \\ 2\xi - 1, & g = 0 \end{cases} \tag{2-82}$$

方位角 φ 在 $[0, 2\pi)$ 内均匀分布，利用 Monte Carlo 算法随机抽样可得

$$\varphi = 2\pi\xi_\varphi \tag{2-83}$$

当光子发生散射后，其传输方向 (u'_x, u'_y, u'_z) 可由式(2-84)和式(2-85)得到。若 $|u_z| < 0.99999$，则

$$\begin{cases} u'_x = \dfrac{\sin\theta}{\sqrt{1 - u_z^2}}(u_x u_z \cos\varphi - u_y \sin\varphi) + u_x \cos\theta \\ u'_y = \dfrac{\sin\theta}{\sqrt{1 - u_z^2}}(u_y u_z \cos\varphi + u_x \sin\varphi) + u_y \cos\theta \\ u'_z = -\sin\theta\cos\varphi\sqrt{1 - u_z^2} + u_z \cos\theta \end{cases} \tag{2-84}$$

若 $|u_z| \geq 0.99999$，则

$$\begin{cases} u'_x = \sin\theta\cos\varphi \\ u'_y = \sin\theta\sin\varphi \\ u'_z = \text{sign}(u_z)\cos\theta \end{cases} \tag{2-85}$$

其中，$\text{sign}(u_z)$ 为符号函数，当 $u_z > 0$ 时，其值为 1；当 $u_z < 0$ 时，其值为 -1。

5. 碰撞边界

光子包在浑浊介质中传输时，会碰到介质与外界的交界面，因此需分析光子包在边界发生碰撞时的边界效应，并据此判断光子在边界处是发生折射还是反射。

如图 2.27 所示，O 点为光子包入射光线与界面的交点，用单位矢量 u_i、u_r 和 u_t 表示入射光、反射光和透射光的方向，并采用单位矢量 n 表示交点处切平面的外法线方向。入射角、反射角和透射角分别用 θ_i、θ_r 和 θ_t 表示。由图可知，入射角的余弦为

$$\cos\theta_i = |u_i n| \tag{2-86}$$

要判断光在交界点处发生反射还是透射，需用到全反射角 θ_{critical} 和菲涅耳反射系数 $R(\theta_i)$。全反射角可根据全反射的定义得到，即

$$\theta_{\text{critical}} = \begin{cases} \arcsin\left(\dfrac{n_t}{n_i}\right), & n_i > n_t \\ 0, & \text{其他} \end{cases} \tag{2-87}$$

其中，n_i 和 n_t 为光子包入射层和透射层的折射率。

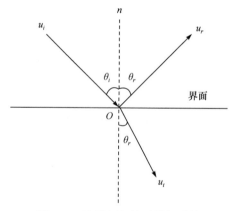

图 2.27　边界面上的反射与透射

菲涅耳反射系数 $R(\theta_i)$ 可由菲涅耳方程获得，即

$$R(\theta_i) = \begin{cases} \dfrac{1}{2}\left[\dfrac{\sin^2(\theta_i - \theta_t)}{\sin^2(\theta_i + \theta_t)} + \dfrac{\tan^2(\theta_i - \theta_t)}{\tan^2(\theta_i + \theta_t)}\right], & \theta_i < \theta_{\text{critical}} \\ 1, & \text{其他} \end{cases} \tag{2-88}$$

其中，透射角 θ_t 可通过菲涅耳定律求解得到，即

$$n_i \sin\theta_i = n_t \sin\theta_t \tag{2-89}$$

然后，利用计算机生成一个伪随机数 ξ，若 $\xi \leqslant R(\theta_i)$，则可认为光子包在界面处将发生反射；否则，将发生透射。

6. 终止

光子包从初始位置开始，经过在浑浊介质中的一系列传输后直至最后，可能经过两种情形。第一情形是光子包被浑浊介质完全吸收；第二情形是光子包透射出浑浊介质，被探测器接收。引入轮盘赌算法来判断光子包在浑浊介质中的传输过程是否终止。当光子包权重低于预先设置的权重阈值时，光子包只有唯一的一次机会能在浑浊介质中继续传输。该判定可通过随机数抽样来具体实现，光子包权重的变化为

$$W' = \begin{cases} mW, & \xi \leqslant 1/m \\ 0, & \text{其他} \end{cases} \tag{2-90}$$

其中，ξ 为 $[0,1]$ 区间内均匀分布的随机数；m 为预先设置的常数。

上述是一个光子包在浑浊介质中算法的主要流程，当一个光子包模拟结束后，重复以上过程再发射一个新的光子包，直至预先设定的光子包全部追踪完毕。

2.5　本　章　小　结

本章主要介绍浑浊介质的定义及基本分类，并对光散射的分类做了简单介绍，给出确定散射类别的基本判定方法，介绍表征浑浊介质光学特征的三个基本参量。对线偏振光和圆偏振光在浑浊介质中的前向、后向散射特性进行测量，并对测量结果进行简要分析。测量结果表明，在前向散射情况下，圆偏振光与线偏振光的偏振衰减特性弱于强度衰减特性，且低浓度下线偏振光的保偏特性优于圆偏振光的保偏特性，而高浓度下圆偏光的保偏特性更优。在后向散射情况下，线偏振光与圆偏振光均表现出较高的保偏特性，与前向散射光相比偏振度数值更大。

第3章　基于光传输模型的偏振成像

3.1　基于 Treibitz 模型的偏振成像

3.1.1　基于传统 Treibitz 模型的偏振成像

为了提高浑浊介质中目标成像效果，2009 年 Treibitz 等提出一种基于主动偏振滤除介质光来提高图像对比度的模型，后被称为 Treibitz 模型。其具体原理是探测器接收到的光包括目标光和介质光两部分，即

$$I = B + T \tag{3-1}$$

其中，I 为进入探测器的总光强；B 为进入探测器的介质光强度；T 为进入探测器的目标光强度。

任何偏振状态的光均可以被分解到两个相互正交的方向上，因此进入探测器的总光强、介质光，以及目标光可分别为

$$I = I_{//} + I_{\perp} \tag{3-2}$$

$$B = B_{//} + B_{\perp} \tag{3-3}$$

$$T = T_{//} + T_{\perp} \tag{3-4}$$

其中，$I_{//}$、$B_{//}$ 和 $T_{//}$ 为总光强、介质光和目标光中与入射光振动方向相同的分量；$I_{\perp}$、$B_{\perp}$、和 $T_{\perp}$ 为总光强、介质光和目标光中与入射光振动方向正交的分量。

进入探测器的所有光强中与入射光振动方向相同、正交的光强分别为

$$I_{//} = B_{//} + T_{//} \tag{3-5}$$

$$I_{\perp} = B_{\perp} + T_{\perp} \tag{3-6}$$

根据偏振度的定义可以得到介质光和目标光的偏振度，即

$$P_{\mathrm{B}} = \frac{B_{//} - B_{\perp}}{B_{//} + B_{\perp}} \tag{3-7}$$

$$P_{\mathrm{T}} = \frac{T_{//} - T_{\perp}}{T_{//} + T_{\perp}} \tag{3-8}$$

其中，P_{B} 为介质光偏振度；P_{T} 为目标光偏振度。

联立式(3-1)~式(3-8)可分别推导出目标光和介质光强度的表达式，即

$$T = \frac{1}{P_B - P_T}[I_\perp(1+P_B) - I_{//}(1-P_B)] \tag{3-9}$$

$$B = \frac{1}{P_B - P_T}[I_{//}(1-P_T) - I_\perp(1+P_T)] \tag{3-10}$$

式(3-9)表明，目标信息与 $I_{//}$、$I_\perp$、P_B 和 P_T 这四个参量相关，因此只要能获得这四个参量即可得到目标图像。其中，$I_{//}$ 和 $I_\perp$ 这两个量可通过调整检偏器偏振取向，使其处于与入射光偏振方向相平行或相垂直来进行水平滤波和垂直滤波直接获得。若待测目标为表面粗糙的漫反射目标，入射光与漫反射目标相互作用之后产生的携带目标信息的目标光的偏振度较低，并且与介质光的偏振度相差较大，因此 P_T 的取值对实验结果影响不大，可将其忽略，即 $P_T = 0$。因此，介质光偏振度 P_B 的准确获取对目标信息的获取至关重要。

Treibitz 研究小组选取图像中目标不存在的背景区域估算介质光的偏振度 P_B 值。在图 3.1 所示的 0.1%脂肪乳溶液的强度图像中，选取黑色方框所示的区域计算介质光的偏振度值 P_B。为了保证计算的精确度，通常计算该区域内所有像素点的偏振度的平均值，将该值作为介质光的偏振度 P_B 代入式(3-9)求解目标光强度 P_T。

图 3.1　0.1%脂肪乳溶液的强度图像

不同浓度浑浊介质中的强度图像和基于 Treibitz 模型复原的图像如图 3.2 所示。通过对比图 3.2 中利用 Treibitz 模型处理前(左)后(右)的目标图像可以看出，强度图像受介质后向散射光的影响，效果较差，但是利用 Treibitz 模型处理后，图像质量明显提高，可以清楚地呈现出目标信息。这是因为 Treibitz 模型能够将介质光和目标光完全分离开，经该模型处理后的图像不包含介质光信息，因此图像质量提高。当浑浊介质的浓度达到 0.3%时，进入探测器的所有光强中介质光所占的比例很大，目标光信息被介质光淹没，强度图像的右半部分完全看不清楚，但通过 Treibitz 模型处理后，图像的右半部分图像隐约可见，说明该模型是滤除介质后向散射光的一种有效手段。

(a) 0.1%脂肪乳溶液的目标图像

(b) 0.2%脂肪乳溶液的目标图像

(c) 0.3%脂肪乳溶液的目标图像

图 3.2　不同浓度浑浊介质中的强度图像和基于 Treibitz 模型复原的图像

3.1.2　基于 Treibitz 改进模型的偏振成像

　　通过对 Treibitz 模型进行分析，可以发现传统的 Treibitz 模型是利用不存在目标的背景区域介质光的偏振度来估算 P_B，但是目标区域介质光的偏振度和背景区域介质光的偏振度存在一定偏差，不能完全等同，如图 3.3 给出的目标区域和背景区域介质光的分布情况。由图可知，这两个区域的介质光经历的散射过程不同，因此其偏振特性存在一定的差异。目标区域介质光是指目标前侧区域范围内，未到达目标表面便与浑浊介质颗粒碰撞改变运动方向进入探测器的光子；背景区域介质光不仅包含目标前侧区域范围内的介质光，还包含目标后侧区域内的介质光。由散射光传输的物理机制可知，光子的散射程度与其经历的光程成正比，光子经历的光程越长，发生散射的次数越多。由图 3.3 可以看出，背景区域介质光所经历的光程比目标区域介质光经历的光程长，因此背景区域介质光经历的散射次数比目标区域介质光经历的散射次数多。由于光子经历的散射次数越多，消偏越严重，因此根据理论分析可知，背景区域介质光的偏振度低于目标区域介质光的偏振度。

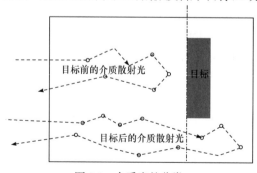

图 3.3　介质光的分类

　　为了验证理论分析结果的正确性，可以借助 Monte Carlo 程序模拟研究目标区域和背景区域介质光偏振度分布趋势。在目标所在的区域 110～190 像素点之间发射光子，发射线偏振光进入浑浊介质中，在探测器平面记录 90～210 像素点范围内介质光的分布情况。图 3.4 的结果显示，目标区域的介质光偏振度高于背景区域介质光的偏振度。该模拟结果清晰地表明，在 Treibitz 模型中选取目标不存在的背景区域介质光的偏振度来代替目标区域介质光的偏振度是存在一定误差的。

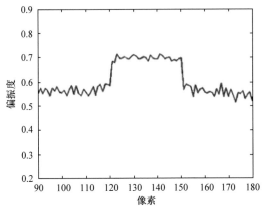

图 3.4　线偏振光入射时介质光偏振度的分布

　　根据上面的理论分析和模拟结果可知，真实的介质光偏振度比利用 Treibitz 模型估算得到的介质光偏振度高，又因为偏振度的取值范围在[0,1]之间，所以真实介质光偏振度的取值范围为

$$\hat{P}_{\mathrm{B}} \leqslant P_{\mathrm{B}} \leqslant 1 \tag{3-11}$$

其中，$\hat{P}_{\mathrm{B}}$ 为无目标背景区域介质光的偏振度；P_{B} 为真实介质光的偏振度。

　　由式(3-9)可知能否获得准确的介质光偏振度对复原目标图像有重要的影响，因此根据上面的分析结果对 Treibitz 模型进行优化和改进，利用插值法在 $\left[\hat{P}_{\mathrm{B}}, 1\right]$ 之间寻找最接近目标区域介质光偏振度的值，可以提高目标图像的质量。为了探究介质光偏振度对图像复原效果的影响，分别对浓度为 0.1%、0.2% 和 0.3% 的三种浑浊介质中的目标图像进行去散射处理，采用插值的方法在[0, 1]之间以 0.1 为间隔对介质光的偏振度进行取值，将其代入式(3-9)依次复原图像。不同浓度浑浊介质中复原目标图像对比度随 P_{B} 的分布趋势如图 3.5 所示。图中三角形位置代表利用传统 Treibitz 模型获得的背景区域介质光偏振度数值和复原图像的对比度。

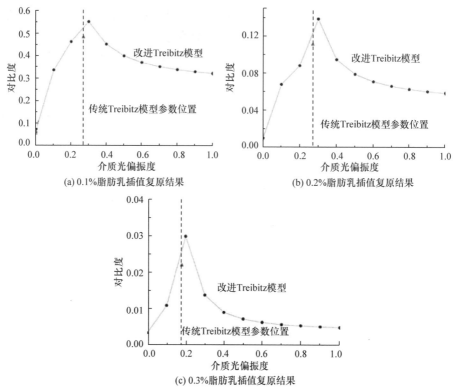

(a) 0.1%脂肪乳插值复原结果　　　　　　(b) 0.2%脂肪乳插值复原结果

(c) 0.3%脂肪乳插值复原结果

图 3.5　不同浓度浑浊介质中复原目标图像对比度随 P_B 的分布趋势

由图 3.5 的结果可知，利用偏振插值法复原的最佳图像的对比度比直接利用 Treibitz 模型复原的图像对比度高，且此时 P_B 的取值处于背景光偏振度和 1 之间，与前面的理论分析相吻合。原始强度图像与利用 Treibitz 模型复原的图像如图 3.6 所示。对比度最高的复原图像对应的 P_B 值是最接近目标区域介质光偏振度的值。不同浓度浑浊介质中被复原图像的对比度随 P_B 取值有相同的变化趋势：当 P_B 取值小于目标区域介质光的偏振度值时，复原图像对比度随 P_B 的增加迅速变大，且对比度最小值接近于零；当 P_B 取值大于目标区域介质光的偏振度值时，图像对比度随 P_B 的增加而缓慢减小，最后趋于某个定值，其原因如下。

强度图像　　　　传统Treibitz模型复原图　　　　优化Treibitz模型复原图

(a) 0.1%脂肪乳溶液的目标图像

强度图像 　　　　　传统Treibitz模型复原图 　　　　优化Treibitz模型复原图

(b) 0.2%脂肪乳溶液的目标图像

强度图像 　　　　　传统Treibitz模型复原图 　　　　优化Treibitz模型复原图

(c) 0.3%脂肪乳溶液的目标图像

图 3.6　原始强度图像与利用 Treibitz 模型复原的图像

假设估算的介质光偏振度 $\hat{P}_\mathrm{B}$ 与目标区域真实介质光偏振度 P_B 满足以下关系，即

$$\hat{P}_\mathrm{B} = \varepsilon P_\mathrm{B} \tag{3-12}$$

已知

$$I_{/\!/} - I_\perp = (B_{/\!/} - B_\perp) + (T_{/\!/} - T_\perp) = P_\mathrm{B}B + P_\mathrm{T}T \tag{3-13}$$

由前面的分析可知，对于保偏特性较差的漫反射目标而言，目标光偏振度可忽略不计，假设 $P_\mathrm{T} = 0$，根据式(3-11)和式(3-12)可得目标区域介质光为

$$B = \frac{I_{/\!/} - I_\perp}{P_\mathrm{B}} = \frac{I_{/\!/} - I_\perp}{\hat{P}_\mathrm{B}}\varepsilon = \varepsilon\hat{B} \tag{3-14}$$

则估算的目标光为

$$\hat{T} = I - \hat{B} = I - \frac{B}{\varepsilon} = T + B - \frac{B}{\varepsilon} = T + \left(1 - \frac{1}{\varepsilon}\right)B \tag{3-15}$$

因此，根据估算的介质光偏振度值 $\hat{P}_\mathrm{B}$ 获得的目标光与真实目标光之间的相对误差为

$$\delta_\mathrm{T} = \left|\frac{\hat{T} - T}{T}\right| = \left|\frac{1}{\varepsilon} - 1\right| \cdot \frac{B}{T} \tag{3-16}$$

由式(3-15)可知，真实目标光 T 和介质光 B 的值是确定的，所以目标光的相对误差仅与 $\left|\dfrac{1}{\varepsilon} - 1\right|$ 这一项有关。图 3.7 给出了 $\left|\dfrac{1}{\varepsilon} - 1\right|$ 随 ε 的变化曲线。当 $\varepsilon < 1$ 时，

$\left|\dfrac{1}{\varepsilon}-1\right|$ 随 ε 的增加而迅速下降，即目标光的相对误差随 ε 的增加而快速减小；当 $\varepsilon=1$ 时，$\left|\dfrac{1}{\varepsilon}-1\right|=0$，目标光的相对误差为 0；当 $\varepsilon>1$ 时，$\left|\dfrac{1}{\varepsilon}-1\right|$ 随 ε 的增加而缓慢上升，最后趋于稳定，即目标光的相对误差随 ε 的增加而缓慢增加到某个稳定值范围之内。

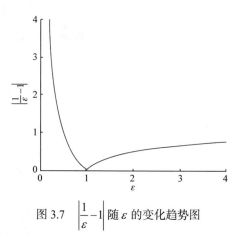

图 3.7 $\left|\dfrac{1}{\varepsilon}-1\right|$ 随 ε 的变化趋势图

在复原目标光时，复原目标光与真实目标光的相对误差越小，复原图像对比度越高，即复原图像对比度与目标光相对误差呈负相关。根据对目标光相对误差与 ε 间关系的分析可知，复原图像的对比度与 ε 的关系如下：当 $\varepsilon<1$ 时，复原图像的对比度随 ε 的增加而快速增加，由于 $\hat{P}_{\mathrm{B}}=\varepsilon P_{\mathrm{B}}$，目标区域介质光的偏振度 P_{B} 为恒定值，则相当于复原图像的对比度随 $\hat{P}_{\mathrm{B}}$ 取值的增加而快速增加；当 $\varepsilon=1$ 时，目标光的相对误差为 0，此时 $\hat{P}_{\mathrm{B}}$ 等于目标区域的真实介质光偏振度，图像对比度达到最大值；当 $\varepsilon>1$ 时，复原图像的对比度随 ε 的增加而缓慢下降最后趋于稳定，由于 $\hat{P}_{\mathrm{B}}=\varepsilon P_{\mathrm{B}}$，则相当于复原图像的对比度随 $\hat{P}_{\mathrm{B}}$ 取值的增加而缓慢下降最后趋于稳定，与图 3.5 所示的变化趋势相符。

综上所述，利用优化后的 Treibitz 模型复原后的目标图像信噪比大于利用传统 Treibitz 模型复原后的目标图像，说明优化后的 Treibitz 模型可对浑浊介质中的漫反射目标图像进行更加有效的去散射处理。由于计算忽略了目标的偏振特性，若待测目标为保偏特性较好的反射目标，此时目标光的偏振度 P_{T} 不能忽略，则 Treibitz 模型需单独考虑该情况。

3.2 基于 Schechner 光散射模型的浑浊介质中的偏振成像

3.2.1 Schechner 光散射模型简介

探测处在浑浊介质中的目标时，由于介质中粒子的散射作用，一部分光线在浑浊介质中传输时未达到目标物就被介质中的粒子散射，进入探测器；另一部分光线达到目标，携带目标信息之后再经浑浊介质传输进入探测器。因此，探测器接收到的光包括两部分，一部分是携带目标信息的目标光，另一部分是不含目标信息的介质光。浑浊介质中成像示意图如图 3.8 所示。

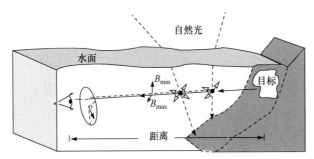

图 3.8　浑浊介质中成像示意图

由于浑浊介质的存在，从目标表面反射的光线在到达探测器之前会被浑浊介质散射或者吸收，损失一部分目标信息，因此到达探测器的目标光为

$$T(x,y) = L(x,y)t(x,y) \tag{3-17}$$

其中，$T(x,y)$ 为进入探测器的目标光；(x,y) 为图像像素的坐标；$L(x,y)$ 为直接从目标表面反射未被浑浊介质衰减的目标光；$t(x,y)$ 为介质透过率，表征浑浊介质对从目标表面反射回来的目标光的衰减情况。

$$t(x,y) = e^{-\mu_t(x,y)l(x,y)} \tag{3-18}$$

其中，$\mu_t(x,y)$ 为衰减系数，其大小取决于浑浊介质对光的散射和吸收情况；$l(x,y)$ 为传输距离，即目标到探测器的距离。

假设衰减系数是空间不变的，即 $\mu_t(x,y) = \mu_{t0}$，因此介质透过率 $t(x,y)$ 和传输距离 $l(x,y)$ 有关。

另一部分光指携带介质信息的介质光。进入浑浊介质的入射光子有一部分在到达目标物之前就与浑浊介质中的粒子发生多次散射之后进入探测器，这部分光子称为介质光，其表达式为

$$B(x,y) = A_\infty[1 - t(x,y)] \tag{3-19}$$

其中，$B(x,y)$ 为进入探测器中的介质光强度值；A_∞ 为无目标的背景区域中介质光的强度值。

探测器接收到的总光强 $I(x,y)$ 为

$$I(x,y) = T(x,y) + B(x,y) \tag{3-20}$$

联立式(3-17)和式(3-20)，可得到未经浑浊介质衰减的目标光强度为

$$L(x,y) = \frac{I(x,y) - A_\infty[1 - t(x,y)]}{t(x,y)} \tag{3-21}$$

由于任何偏振态的光都可以分解到两个相互正交的方向上，因此探测器接收到的总光强为

$$I(x,y) = I^{//}(x,y) + I^{\perp}(x,y) \tag{3-22}$$

其中，$I^{//}(x,y)$ 为探测器接收到的偏振方向在水平方向的光强；$I^{\perp}(x,y)$ 为探测器接收到的偏振方向在垂直方向的光强。

探测器接收到的总光强包含介质光和目标光两部分，即

$$I^{//}(x,y) = T^{//}(x,y) + B^{//}(x,y) \tag{3-23}$$

$$I^{\perp}(x,y) = T^{\perp}(x,y) + B^{\perp}(x,y) \tag{3-24}$$

其中，$T^{//}(x,y)$ 和 $B^{//}(x,y)$ 为探测器接收到的水平偏振方向的目标光和介质光；$T^{\perp}(x,y)$ 和 $B^{\perp}(x,y)$ 为探测器接收到的垂直偏振方向的目标光和介质光。

根据偏振度的定义，介质光的偏振度 $P_{\text{scat}}(x,y)$ 为

$$P_{\text{scat}}(x,y) = \frac{B^{//}(x,y) - B^{\perp}(x,y)}{B^{//}(x,y) + B^{\perp}(x,y)} \tag{3-25}$$

由式(3-18)和式(3-19)可知，$P_{\text{scat}}(x,y)$ 与传输距离 $l(x,y)$ 有关，且探测器平面不同的像素点位置 (x,y) 对应不同的传输距离 $\rho(x,y)$，因此探测器中不同像素点位置处的介质光偏振度值不同，即 $P_{\text{scat}}(x,y)$ 的值随 (x,y) 的变化而变化。当空间视场角很小时，$P_{\text{scat}}(x,y)$ 变化较小。因此，可假设 $P_{\text{scat}}(x,y)$ 为恒定值，记为 P_{scat}。此时，介质光的强度为

$$B(x,y) = \frac{[I^{//}(x,y) - I^{\perp}(x,y)] - [T^{//}(x,y) - T^{\perp}(x,y)]}{P_{\text{scat}}} = \frac{\Delta I(x,y) - \Delta T(x,y)}{P_{\text{scat}}} \tag{3-26}$$

其中，$\Delta I(x,y)$ 为水平偏振方向和垂直偏振方向总光强的差值；$\Delta T(x,y)$ 为水平偏振方向和垂直偏振方向目标光的差值。

根据式(3-19)和式(3-26)，可计算得到浑浊介质的透过率为

$$t(x,y) = 1 - \frac{\Delta I(x,y) - \Delta T(x,y)}{A_\infty P_{scat}} \tag{3-27}$$

将式(3-27)代入式(3-21)可得目标光的强度为

$$L(x,y) = 1 - \frac{P_{scat} A_\infty I(x,y) - A_\infty [\Delta I(x,y) - \Delta T(x,y)]}{P_{scat} A_\infty - [\Delta I(x,y) - \Delta T(x,y)]} \tag{3-28}$$

由式(3-28)可知，获得 A_∞、P_{scat}、$\Delta I(x,y)$ 和 $\Delta T(x,y)$ 这四个参数的准确值对获得高质量的复原目标图像极其重要。

在偏振成像实验中，通过旋转检偏器可以分别获得与入射光偏振状态相同和正交的图像，即 $I^{//}(x,y)$ 和 $I^\perp(x,y)$，这两幅图像做差即可获得 $\Delta I(x,y)$ 的信息。常用目标不存在的背景区域的光强和偏振度值近似代表 A_∞ 和 P_{scat}。这两幅图中背景光强度值分别用 $A_\infty^{//}$ 和 $A_\infty^\perp$ 表示，同时可根据偏振度的定义计算出背景光的偏振度，因此 A_∞ 和 P_{scat} 为

$$\hat{A}_\infty = A_\infty^{//} + A_\infty^\perp \tag{3-29}$$

$$\hat{P}_{scat} = \frac{A_\infty^{//} - A_\infty^\perp}{A_\infty^{//} + A_\infty^\perp} \tag{3-30}$$

光散射模型偏振成像时通常将目标当作漫反射目标处理，即假设 $\Delta T(x,y)=0$，因此根据以上物理量即可复原处在浑浊介质中目标物的图像，实现对目标物的探测和识别。

3.2.2　考虑目标偏振特性的光散射偏振成像

在利用光散射模型偏振成像方法探测浑浊介质中目标时常常忽略目标光偏振度，但从式(3-28)可以看出 $\Delta T(x,y)$ 对复原目标物图像具有很大的影响，尤其是当目标光的偏振度较大时，$\Delta T(x,y)$ 不能忽略，忽略目标光偏振特性的光散射成像模型则不适用于该情况。为了解决该问题，天津大学的研究团队在光散射模型偏振成像的基础上，提出一种利用曲线拟合估算 $\Delta T(x,y)$ 的模型。该模型同时考虑介质光和目标光的偏振特性，可以更加有效地滤除介质光。由于该方法在考虑介质光偏振特性的同时也考虑目标光的偏振特性，因此该方法既适用于探测漫反射型目标，也适用探测反射型目标，可以有效扩大基于光散射模型的偏振成像方法的应用范围。

由于用背景区域的介质光偏振度 $\hat{P}_{scat}$ 估计真实介质光偏振度存在一定误差，为了降低误差对恢复目标信息的影响，可用参数 ε 对 $\hat{P}_{scat}$ 进行修正，即介质光的偏振度为 $\varepsilon \hat{P}_{scat}$。将其代入式(3-28)，则目标光的表达式为

$$L(x,y)=1-\frac{\varepsilon \hat{P}_{\text{scat}}A_{\infty}I(x,y)-A_{\infty}[\Delta I(x,y)-\Delta T(x,y)]}{\varepsilon \hat{P}_{\text{scat}}A_{\infty}-[\Delta I(x,y)-\Delta T(x,y)]} \tag{3-31}$$

从式(3-31)可以看出，获得准确的 $\Delta T(x,y)$ 是复原图像的关键。

把式(3-20)代入式(3-23)和式(3-24)，可得

$$I^{//}(x,y)=T^{//}(x,y)+A_{\infty}^{//}[1-t(x,y)] \tag{3-32}$$

$$I^{\perp}(x,y)=T^{\perp}(x,y)+A_{\infty}^{\perp}[1-t(x,y)] \tag{3-33}$$

根据式(3-32)和式(3-33)，可构建一个新参数 $K(x,y)$，即

$$K(x,y)=\frac{I^{//}(x,y)}{A_{\infty}^{//}}-\frac{I^{\perp}(x,y)}{A_{\infty}^{\perp}}=\frac{T^{//}(x,y)}{A_{\infty}^{//}}-\frac{T^{\perp}(x,y)}{A_{\infty}^{\perp}} \tag{3-34}$$

由式(3-23)和式(3-24)可知，$T^{//}(x,y)<I^{//}(x,y)$ 且 $T^{\perp}(x,y)<I^{\perp}(x,y)$。归一化后图像所有像素点的灰度值均在 $0\sim 1$ 之间，因此 $T^{\perp}(x,y)$ 和 $T^{//}(x,y)$ 的值也在 $0\sim 1$ 之间。在浑浊介质中传输的偏振光与介质粒子发生碰撞，被反射或者散射的光子会出现退偏现象，但是要达到完全消偏的状态，必须经历相当多次数的碰撞。在实验条件下，很难出现完全消偏的情况，因此进入探测器的目标光中与入射光振动方向相同的光强度值大于等于与入射光振动方向正交的光强度值，即 $T^{//}(x,y)\geqslant T^{\perp}(x,y)$。因此，$T^{//}(x,y)$ 和 $T^{\perp}(x,y)$ 满足以下条件，即

$$\begin{cases} 0\leqslant T^{//}(x,y)\leqslant 1 \\ 0\leqslant T^{\perp}(x,y)\leqslant 1 \\ T^{\perp}(x,y)\leqslant T^{//}(x,y) \end{cases} \tag{3-35}$$

由式(3-35)可知，$\Delta T(x,y)$ 为

$$\begin{aligned} \Delta T(x,y)&=A_{\infty}^{//}K(x,y)+T^{\perp}(x,y)\left(\frac{A_{\infty}^{//}-A_{\infty}^{\perp}}{A_{\infty}^{\perp}}\right) \\ &=A_{\infty}^{\perp}K(x,y)+T^{//}(x,y)\left(\frac{A_{\infty}^{//}-A_{\infty}^{\perp}}{A_{\infty}^{//}}\right) \end{aligned} \tag{3-36}$$

已知进入探测器的介质光与入射光振动方向相同的光强度值大于与入射光振动方向正交的光强度值，即 $A_{\infty}^{//}>A_{\infty}^{\perp}$，所以 $\Delta T(x,y)\geqslant A_{\infty}^{//}K(x,y)$。因为 $T^{//}(x,y)\leqslant 1$，所以 $\Delta T(x,y)\leqslant A_{\infty}^{\perp}K(x,y)+\dfrac{A_{\infty}^{//}-A_{\infty}^{\perp}}{A_{\infty}^{//}}$。又因为 $T^{//}(x,y)\geqslant T^{\perp}(x,y)$，所以 $\Delta T(x,y)\geqslant 0$。因此，$\Delta T(x,y)$ 满足以下条件，即

$$\begin{cases} \Delta T(x,y) \geqslant 0, \quad \dfrac{A_\infty^\perp - A_\infty^{//}}{A_\infty^\perp A_\infty^{//}} \leqslant K(x,y) \leqslant 0 \\[3mm] \Delta T(x,y) \geqslant A_\infty^{//} K(x,y), \quad 0 \leqslant K(x,y) \leqslant \dfrac{1}{A_\infty^{//}} \\[3mm] \Delta T(x,y) \leqslant A_\infty^\perp K(x,y) + \dfrac{A_\infty^{//} - A_\infty^\perp}{A_\infty^{//}}, \quad \dfrac{A_\infty^\perp - A_\infty^{//}}{A_\infty^\perp A_\infty^{//}} \leqslant K(x,y) \leqslant \dfrac{1}{A_\infty^{//}} \end{cases} \tag{3-37}$$

将 $K(x,y)$ 看作自变量，$\Delta T(x,y)$ 看作因变量，这个不等式方程组在坐标系可以表示为如图 3.9 所示的钝角三角形区域。由于 $\Delta T(x,y)$ 和 $K(x,y)$ 满足以下两个条件，即 $\Delta T(x,y)$ 随 $K(x,y)$ 的增加而增加；无论 $K(x,y)$ 取正值还是负值，因此 $\Delta T(x,y)$ 总大于零。上述条件表明，$\Delta T(x,y)$ 与 $K(x,y)$ 的变化关系与指数函数的变化趋势类似，因此可以用式(3-38)拟合两者的关系，即

$$\Delta T(x,y) = a\exp[bK(x,y)] \tag{3-38}$$

因为 $\Delta T(x,y)$ 随 $K(x,y)$ 的增加而增加，所以根据指数函数的性质可知，a 和 b 的取值均大于 0。将式(3-38)代入式(3-31)可知，复原图像的质量与 a、b、ε 三个参量相关。通过编程利用改变步长和逐步迭代的方法寻找合适的 a、b、ε 值以使复原图像达到最优效果。

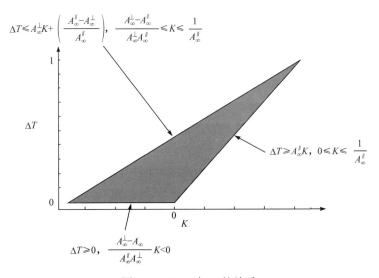

图 3.9　$\Delta T(x,y)$ 与 K 的关系

用 EME 作为评价图像质量的指标，其具体表达式如式(3-39)所示。首先将整幅图像分为多个区域，分别计算出每个区域的对比度，再综合每个小区域的对比

度衡量整个图像的效果，EME 值越大，表明图像对比度越高，对目标物信息恢复的效果越好。

$$\text{EME} = \left| \frac{1}{k_1 k_2} \sum_{l=1}^{k_2} \sum_{k=1}^{k_1} 20 \log \frac{i_{\max;k,l}^{\omega}(x,y)}{i_{\min;k,l}^{\omega}(x,y)+q} \right| \tag{3-39}$$

其中，k_1 和 k_2 为图像分解为 $k_1 \times k_2$ 块区域；$i_{\max;k,l}^{\omega}(x,y)$ 为每个区域的最大灰度值；$i_{\min;k,l}^{\omega}(x,y)$ 为每个区域中的最小灰度值；q 为取值 0.0001，q 取极小值是为了避免出现分子为零的情况，由于该值很小，因此对 EME 的计算结果所产生的影响可忽略不计。

为了确认理论分析的正确性，进行实验验证。采用的实验装置如图 3.10 所示。

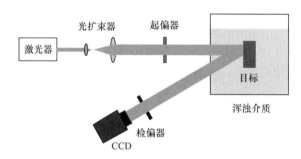

图 3.10　水下成像实验装置

实验选用的光源为波长为 632.8nm 的氦氖激光器，检偏器为分辨率为 492×656 的电荷耦合器件(charge coupled device，CCD)相机。目标放在盛有稀释牛奶溶液的透明有机玻璃缸中。激光器发出的光线先经过一个透光轴在水平方向的线偏振片产生水平线偏振光。在 CCD 前放置一个偏振片作为检偏器，用于选取合适的出射光偏振态。目标物为塑料板上的金属币。

目标强度图像如图 3.11 所示。

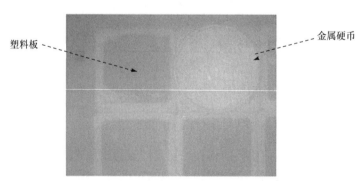

图 3.11　目标强度图像(EME=0.6)

经过牛奶溶液的散射，目标的细节信息丢失，无法在强度图像中清晰地显现出来。随后通过旋转检偏器可获得与入射光偏振态相平行和相正交偏振态时目标物的图像，如图 3.12 所示。

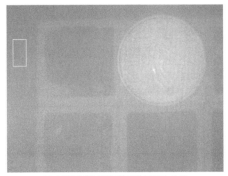　　　　　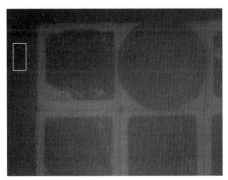

(a) 平行偏振态时的图像(EME=0.7)　　　　　　(b) 正交偏振态时的图像(EME=0.6)

图 3.12　目标偏振图像

金属币在 $I^{/\!/}(x,y)$ 和 $I^{\perp}(x,y)$ 两幅图像中有较大的区别，塑料片在 $I^{/\!/}(x,y)$ 和 $I^{\perp}(x,y)$ 两幅图像中的差别较小，表明金属币反射光的消偏程度低于塑料片表面反射光的消偏程度。根据前述推导可知，若要获取目标光，需要测得无穷远处介质光的强度值 $A_{\infty}^{/\!/}$ 和 $A_{\infty}^{\perp}$，选取图 3.12 中方框所示区域的强度值为 $A_{\infty}^{/\!/}$ 和 $A_{\infty}^{\perp}$。观察可知，图 3.12(a)中方框区域的强度值高于图 3.12(b)中方框区域的强度值，该结果与前述的假设吻合得较好。

根据式(3-31)和式(3-38)可知，目标光 $L(x,y)$ 是 a、b 和 ε 的函数。由于浑浊介质成像的最终目的是获得清晰的目标图像，最优 a、b 和 ε 取值对应最佳的成像质量。以式(3-39)所示的 EME 为标准衡量图像质量。在获取最优的 a、b 和 ε 取值时，首先在大小为 5×5×5 的范围内以 1 为步长分别改变 a、b 和 ε 的值，寻找图像对比度最大时对应的三个系数值；然后在$[a-1,a+1]$、$[b-1,b+1]$ 和$[\varepsilon-1,\varepsilon+1]$的范围内分别以 0.1 为步长改变 a、b 和 ε 的值，并记录图像对比度最大时对应的三个系数值；最后在$[a-0.1,a+0.1]$、$[b-0.1,b+0.1]$ 和$[\varepsilon-0.1,\varepsilon+0.1]$的范围内分别以 0.01 为步长改变 a、b 和 ε 的值，记录图像对比度最大时所对应的 a、b 和 ε 值。据此可以获得 a、b 和 ε 的最优值，借助高性能计算机，获取最优值的过程并不需要耗费较多时间。恢复的目标图像如图 3.13 所示。

为了定量比较图像质量，利用式(3-39)计算出来的不同成像方式获得的漫反射目标图像的 EME 值如表 3.1 所示。

图 3.13　恢复的目标图像(EME=2.3)

表 3.1　不同成像方式所获得的漫反射目标图像 EME 值

成像方式	EME
强度成像	0.6
水平偏振成像	0.7
垂直偏振成像	0.6
考虑目标偏振特性	2.3

表 3.1 表明，考虑目标偏振特性时利用光散射模型偏振成像方法获得的图像 EME 最大，其值为 2.3，不仅金属币上的细节信息能够展现出来，还能清晰地观察到塑料片表面的细节信息，表明无论目标对偏振光的保持能力如何，该成像方法能够有效地凸显目标的细节信息，获得清晰的目标图像，几乎是垂直滤波图像 EME 值的两倍，同时水平滤波图像的 EME 值大于强度图像，大于垂直滤波图像。这是因为对于反射目标而言，目标光偏振度高于介质光，强度图像包含所有的介质光和目标光信息，通过水平滤波可以保留大部分的目标光信息而滤除一部分介质光，水平滤波图像的总光强中目标光所占的比例更大，因此水平滤波图像效果优于强度图像，垂直滤波图像保留了一部分介质光的同时滤除了几乎所有的目标光，所以图像视觉效果最差。

为了进一步验证该方法的正确性，利用图 3.10 所示的水下成像实验装置进行实验。实验选用的目标为钢尺和带字母磁盘的组合体，获得的强度图像与偏振图像如图 3.14 所示。

对比强度图像和该成像方法获得的图像，可知强度成像中隐没的细节信息在该成像方法获取的图像中可以得到清晰的显示。计算得到强度图像的 EME 值为 0.9，偏振图像的 EME 值为 2.8，这表明该方法的成像效果优于强度成像的效果。

图 3.14　强度图像与偏振图像的对比

上述实验结果表明，无论是保偏性目标还是消偏性目标，该成像方法均能有效地提高成像质量，获得浑浊介质中目标的清晰图像。但该方法在恢复目标信息时所需的物理量较多，使计算过程较为复杂，耗时较多，而且该方法在恢复目标信息时会造成偏振度较低目标物体部分信息的丢失。因此，为了提高成像效率，获得更清晰的目标图像，我们利用多项式拟合的方法来恢复目标信息。

根据式(3-21)可知，若获得目标光强，并恢复目标信息，需要首先得到无穷远处介质光强 A_∞ 和浑浊介质透过率 $t(x, y)$。由式(3-27)可知，若 $\Delta T(x, y)$ 值过大，则会导致浑浊介质透过率 $t(x, y)$ 出现负值。为了避免该现象的出现，需对浑浊介质透过率做进一步修正，即

$$t_{\mathrm{co}}(x, y) = \begin{cases} t_{\mathrm{unco}}(x, y), & t_{\mathrm{unco}}(x, y) > t_{\mathrm{inf}} \\ t_{\mathrm{inf}}, & t_{\mathrm{unco}}(x, y) \leqslant t_{\mathrm{inf}} \end{cases} \tag{3-40}$$

其中，$t_{\mathrm{co}}(x, y)$ 为修正后的浑浊介质透过率；$t_{\mathrm{unco}}(x, y)$ 为未经修正的浑浊介质透过率；t_{inf} 为浑浊介质透过率拐点。

由式(3-40)可知，在进行浑浊介质透过率修正时会出现一个拐点，如图 3.15中的实线所示。拐点的出现会导致恢复目标图像时出现突变。为了避免该现象的出现，考虑利用多项式拟合的方法消除拐点，使浑浊介质透过率修正时不产生突变，如图 3.15 中虚线所示。之所以选用多项式拟合的方法对拐点进行修正是因为多项式拟合的方法既能满足修正精度的需要，还能降低计算时间。

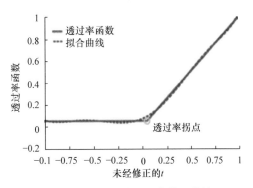

图 3.15　浑浊介质透过率修正曲线

　　用图 3.10 所示的实验装置探测处在浑浊介质中的钢尺和带字母磁盘的组合体，获得的偏振图像如图 3.16 所示。计算得到图像的 EME=4.1，相较基于光散射模型偏振成像方法，该方法使图像的细节信息显示得更加清晰。

图 3.16　偏振图像

3.2.3　基于非均匀光模型理论基础的水下偏振成像方法

　　在利用考虑目标偏振特性的光散射模型的偏振成像方法滤除介质杂散光时，假设整幅图像不同位置处介质后向散射光的偏振度 P_{scat} 和无穷远处介质光强 A_∞ 是相同的。这种假设过于理想，与实际情况不符。具体原因如下：第一，激光器发射的激光呈高斯分布，强度分布不均匀，因此整幅图像不同位置处的 A_∞ 分布是不均匀的；第二，利用偏振光对浑浊介质中目标进行偏振成像的过程中，光与浑浊介质颗粒发生碰撞之后传播方向和偏振状态会随机改变，因此图像不同位置处的光强度和偏振度均不同。若认为整幅图像的介质光偏振度 P_{scat} 和无穷远处介质光强 A_∞ 是某个恒定值，必然会对图像的去散射效果造成影响。

　　胡浩丰团队利用多项式拟合的方法，根据无目标背景区域介质光偏振度和强度值拟合估算整幅图像所有区域介质光偏振度和强度值，提出一种既考虑目标偏振特性，又考虑光分布不均匀性的浑浊介质去散射物理模型。

　　由于在进行目标探测与识别时，只能直接测量得到背景区域的光强度值 $A_\infty(x, y)$ 和介质光偏振度 $P_{\text{scat}}(x, y)$，因此目标区域的介质光强度值和偏振度无法直接获得，可以通过多项式拟合的方法，根据已知的背景区域的 $P_{\text{scat}}(x, y)$ 和 $A_\infty(x, y)$ 的值来推演出整个图像区域的 $\hat{P}_{\text{scat}}(x, y)$ 和 $\hat{A}_\infty(x, y)$ 值。由于 $P_{\text{scat}}(x, y)$ 和 $A_\infty(x, y)$ 在背景区域是连续的，多项式函数具有很好的灵活性，因此对于拟合 $P_{\text{scat}}(x, y)$ 和 $A_\infty(x, y)$ 是个很好的选择。多项式函数的表达式为

$$\hat{A}_\infty^{(n_1)}(x, y) = \sum_{i,j=0}^{n_1} a_{ij} x^i y^j \tag{3-41}$$

$$\hat{P}_{\text{scat}}^{(n_2)}(x, y) = \sum_{i,j=0}^{n_2} p_{ij} x^i y^j \tag{3-42}$$

其中，$\hat{A}_{\infty}^{(n_1)}(x, y)$ 为拟合得到的图像区域背景光强度值；$\hat{P}_{\text{scat}}^{(n_2)}(x, y)$ 为拟合得到的图像区域介质光偏振度值；n_1 和 n_2 为多项式函数的阶次；a_{ij} 和 p_{ij} 为多项式函数的系数。

通过在 MATLAB2014 的环境平台中调用多项式拟合函数，即可根据背景区域的介质光强度值 $A_{\infty}(x, y)$ 和偏振度值 $P_{\text{scat}}(x, y)$ 拟合出整幅图像的介质光强 $\hat{A}_{\infty}(x, y)$ 和偏振度 $\hat{P}_{\text{scat}}(x, y)$，将拟合结果代入上节介绍的考虑目标偏振特性的模型中，可得到未被衰减的目标光和传输函数表达式，即

$$L(x, y) = \frac{I(x, y) - \hat{A}_{\infty}^{(n_1)}(x, y)[1 - t(x, y)]}{t(x, y)} \tag{3-43}$$

$$t(x, y) = 1 - \frac{\Delta I(x, y) - \Delta D(x, y)}{\varepsilon \hat{P}_{\text{scat}}^{(n_2)}(x, y) \hat{A}_{\infty}^{(n_1)}(x, y)} \tag{3-44}$$

由式(3-38)、式(3-43)和式(3-44)可知，获得的目标图像效果不仅和只考虑目标偏振特性的模型中提到的 a、b、ε 有关，还与多项式拟合阶次 n_1 和 n_2 有关。因此，通过改变步长和逐步迭代的方法来修改 a、b、ε 值的同时，还可以以 1 为步长调整多项式拟合的阶次 n_1 和 n_2，使图像的对比度达到最大值，图像去散射效果达到最优状态。

从表面粗糙的光盘上裁取一部分作为漫反射目标。不同成像方式获得的图像如图 3.17 所示。水平滤波图像和垂直滤波图像的亮度均低于强度图像，这是因为水平滤波和垂直滤波均损失部分目标光和介质光信息，所以图像强度低于直接强度成像。表 3.2 所示为不同成像方式获得的漫反射目标图像 EME 值。三幅图像的 EME 值都很小，这是由于浑浊介质浓度较高，目标光在传输过程中经历多次散射，损失大量目标信息，且介质杂散光影响严重，导致图像效果较差。

　(a) 强度图像　　　　　　　(b) 水平滤波图像　　　　　　(c) 垂直滤波图像

图 3.17　不同成像方式获得的图像

表 3.2 不同成像方式获得的漫反射目标图像 EME 值

成像方式	EME
水平滤波	1.7374
垂直滤波	1.8849
强度成像	1.7655

为了更直观地体现介质光强度，以及偏振度分布的不均匀性，图 3.18 给出了图 3.17 中矩形框背景区域范围内的 $A_{\infty}(x,y)$ 和 $P_{scat}(x,y)$ 分布直方图。从图 3.18 可以看出，$A_{\infty}(x,y)$ 在该区域的变化范围为 0.3608～0.6471，$P_{scat}(x,y)$ 在该区域的变化范围为 0.1001～0.2125，因此该区域的介质光强度和偏振度分布是不均匀的。由此可见，$A_{\infty}(x,y)$ 和 $P_{scat}(x,y)$ 的值是空间变化的，在只考虑目标偏振特性的时刻选择用背景区域的介质光强和偏振度来近似代替整幅图像所有区域的 $A_{\infty}(x,y)$ 和 $P_{scat}(x,y)$ 的值存在一定的偏差，因此考虑整幅图像介质光强度值和偏振度值的非均匀性是十分有必要的，是进一步提高图像去散射效果的基础。

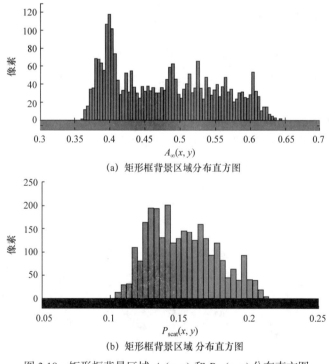

(a) 矩形框背景区域分布直方图

(b) 矩形框背景区域分布直方图

图 3.18 矩形框背景区域 $A_{\infty}(x,y)$ 和 $P_{scat}(x,y)$ 分布直方图

为了估计 $A_{\infty}(x,y)$ 和 $P_{scat}(x,y)$，首先利用图像分割的方法找到目标和背景的边界，即可得到背景区域 $A_{\infty}(x,y)$ 和 $P_{scat}(x,y)$ 的值，然后通过多项式拟合估算整

个图像区域 $\hat{A}_\infty(x,y)$ 和 $\hat{P}_{\text{scat}}(x,y)$ 的值。程序运算结果显示，当 $n_1=2$ 、 $n_2=2$ 、 $a=0.01$ 、 $b=2.34$ 、 $\varepsilon=1.14$ 时，图像去散射效果最好，对应的 EME 的值为 3.5319。多项式拟合前后 $A_\infty(x,y)$ 和 $P_{\text{scat}}(x,y)$ 的分布情况如图 3.19 所示。

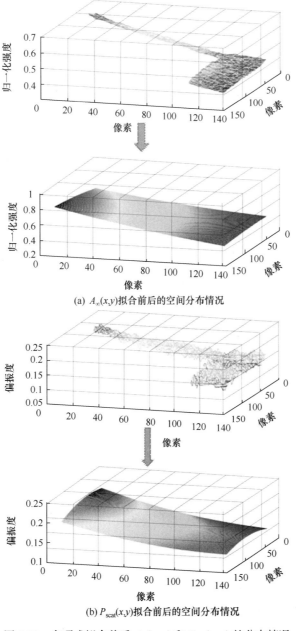

(a) $A_\infty(x,y)$ 拟合前后的空间分布情况

(b) $P_{\text{scat}}(x,y)$ 拟合前后的空间分布情况

图 3.19 多项式拟合前后 $A_\infty(x,y)$ 和 $P_{\text{scat}}(x,y)$ 的分布情况

由图 3.19 可以看出，右边背景区域的 $A_\infty(x,y)$ 和 $P_{scat}(x,y)$ 比目标区域值小，如果将该区域的 $A_\infty(x,y)$ 和 $P_{scat}(x,y)$ 当作整幅图像的值，计算出来的目标区域的传输函数值 $t(x,y)$ 比实际值小，从而影响图像复原效果。图像上方背景区域的 $A_\infty(x,y)$ 和 $P_{scat}(x,y)$ 和目标区域值也不同，因此如果只考虑目标偏振特性，用背景区域的 $A_\infty(x,y)$ 和 $P_{scat}(x,y)$ 值代替整幅图像的值会存在一定偏差，影响图像去散射效果。复原前后对比图像如图 3.20 所示。不同成像方式所获得的漫反射目标图像 EME 值如表 3.3 所示。对比几幅图像结果可知，利用非均匀光模型复原的图像 EME 值最大，大约为直接强度图像的两倍，约为只考虑目标偏振特性时的图像 EME 值的 1.35 倍，图像包含更多目标细节信息，去散射光效果更好，图像质量更优。

(a) 强度图像　　　　　　　(b) 只考虑目标偏振特性　　　　(c) 目标偏振特性和非均匀照明

图 3.20　复原前后对比图像

表 3.3　不同成像方式所获得的漫反射目标图像 EME 值

成像方式	EME
强度成像	1.7655
胡浩丰模型	2.6325
非均匀光模型	3.5319

为了突显图像的细节信息，复原前后图像细节放大图如图 3.21 所示。实验结果显示，利用胡浩丰模型复原的图像视觉效果比强度图像效果好，利用本书所提的非均匀光模型可以在只考虑目标偏振特性的基础上滤除更多的介质后向散射光，在目标区域尤其明显，图像对比度大大增加，信噪比也有很大幅度的提升。

选取表面光滑的钢尺作为反射目标。不同成像方式获得的反射目标图像如图 3.22 所示。表 3.4 所示为不同成像方式所获得的反射目标图像 EME 值。水平滤波图像 EME 值大于强度图像，垂直滤波图像 EME 值最小，因为垂直滤波图像中的大部分目标光被滤除掉，进入探测器中携带目标信息的光子数量极少，所以成像效果变差。

(a) 强度图像　　　　　　(b) 只考虑目标偏振特性　　　(c) 考虑目标偏振特性和非均匀照明

图 3.21　复原前后图像细节放大图

(a) 强度图像　　　　　　(b) 水平滤波图像　　　　　　(c) 垂直滤波图像

图 3.22　不同成像方式获得的反射目标图像

表 3.4　不同成像方式所获得的反射目标图像 EME 值

成像方式	EME
水平滤波	2.5374
垂直滤波	1.1114
强度成像	2.3998

为了更直观地体现背景区域的光强度值,以及介质光偏振度分布的不均匀性,图 3.23 给出了图 3.22 中矩形框背景区域 $A_\infty(x, y)$ 和 $P_{\text{scat}}(x, y)$ 的分布直方图。可

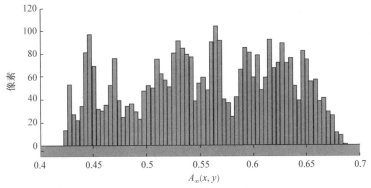

(a) 矩形框背景区域 $A_\infty(x,y)$ 分布直方图

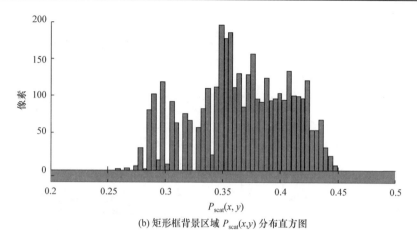

(b) 矩形框背景区域 $P_{\text{scat}}(x,y)$ 分布直方图

图 3.23 矩形框背景区域 $A_\infty(x, y)$ 和 $P_{\text{scat}}(x, y)$ 分布直方图

以看出，$A_\infty(x, y)$ 在该区域的变化范围为 $0.4235 \sim 0.6863$，$P_{\text{scat}}(x, y)$ 在该区域的变化范围为 $0.2593 \sim 0.4471$。为了提高成像效果，需要通过多项式拟合来估计 $A_\infty(x, y)$ 和 $P_{\text{scat}}(x, y)$ 在整幅图像区域中的分布情况。

程序运算结果显示，$n_1 = 3$、$n_2 = 2$、$a = 0.12$、$b = 1.93$、$\varepsilon = 1.14$ 时，目标图像质量最好，对应图像的 EME 值为 3.4683。反射目标多项式拟合结果如图 3.24 所示。将拟合结果代入式(3-43)即可获得目标信息。

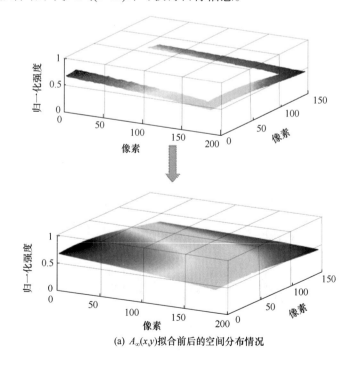

(a) $A_\infty(x,y)$拟合前后的空间分布情况

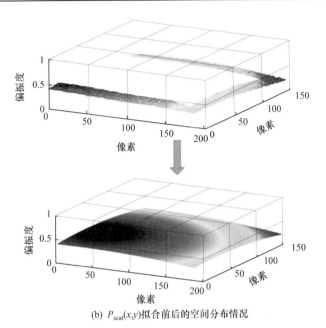

(b) $P_{\text{scat}}(x,y)$ 拟合前后的空间分布情况

图 3.24　反射目标多项式拟合结果

利用强度成像方法，目标图像如图 3.25 所示。不同成像方式获得的反射目标图像 EME 值如表 3.5 所示。对比可知，利用非均匀光模型偏振成像方法获得的图像的 EME 值最大，图像质量最好，可以观察到更多的目标细节信息。

(a) 强度图像　　　　　(b) 只考虑目标偏振特性　　　(c) 同时考虑目标偏振特性和非均匀照明

图 3.25　目标图像

表 3.5　不同成像方式获得的反射目标图像 EME 值

成像方式	EME
强度成像	2.3998
胡浩丰模型	2.8256
非均匀光模型	3.4683

为了突显图像的细节信息，将图 3.25(a)所示的矩形框区域对应的目标图像放大，得到如图 3.26 所示的复原前后图像细节放大图。通过对比发现，利用非均匀光模型比利用胡浩丰模型可以滤除更多介质后向散射光，在非均匀光模型复原图像中可以观察到更多的目标细节信息，图像视觉效果有了很大程度的提升。

(a) 强度图像　　　(b) 只考虑目标偏振特性　　　(c) 同时考虑目标偏振特性和非均匀照明

图 3.26　复原前后图像细节放大图

3.3　本 章 小 结

本章主要介绍基于偏振去散射物理模型来去除介质光的方法。首先，介绍 Treibitz 模型，根据偏振光的定义，利用数学方法将介质光偏振信息和目标光偏振信息分离，从而单独提取目标光信息来提高图像效果。传统 Treibitz 模型将无目标背景区域的介质光偏振度当作目标区域介质光偏振度来复原图像，存在一定偏差。针对该问题，本书对传统 Treibitz 模型进行优化，利用插值方法寻找最接近目标区域介质光偏振度的值，从而提高浑浊介质中目标图像去散射效果。同时，分析介质光偏振度误差对图像复原效果的影响。然后，介绍基于光在浑浊介质中的散射机制来复原目标信息的 Schechner 水下偏振去散射方法，但是该模型忽略了目标光的偏振特性，只适合对漫反射目标图像进行处理。胡浩丰课题组在基于光散射模型偏振成像的基础上提出一种利用指数函数估算目标光偏振度的方法，对浑浊介质中的漫反射目标和反射目标均可进行去散射处理。胡浩丰模型的适用范围较广，但是没有考虑光照的非均匀性。针对以上问题，本书提出一种非均匀光去散射模型，利用多项式拟合的方法，根据背景区域的介质光强度值和偏振度来估算整个图像区域介质光的强度值和偏振度，将拟合结果和胡浩丰模型结合起来可以有效去除介质后向散射光，突出非均匀光模型的优势。

第4章　高时效性偏振差分成像

偏振差分成像是一种利用目标光和背景光偏振特性的差异进行目标探测与识别的成像方法。本章主要在普通偏振差分成像的基础上，就如何提高偏振成像的时效性开展系列探索。

4.1　普通偏振差分成像

在实施偏振差分成像时首先需要使检偏器处在两最优正交方向对场景进行成像，然后将两正交偏振分量作差实现背景光的滤除，从而获得清晰的目标图像。

偏振差分成像原理示意图如图 4.1 所示。T 表示目标光，B 表示背景光，∥ 和 ⊥ 表示检偏器的两正交方向。为了滤除背景光需使检偏器的两正交方向与背景光偏振方向的夹角均为 45°，此时背景光在两正交方向 ∥ 和 ⊥ 上的分量相等，作差后背景光强度为 0，即

$$I_{\mathrm{pd}}(B) = I_{/\!/}(B) - I_\perp(B) = 0 \tag{4-1}$$

其中，$I_{/\!/}(B)$ 为背景光在 ∥ 方向上的光强；$I_\perp(B)$ 为背景光在 ⊥ 方向上的光强。

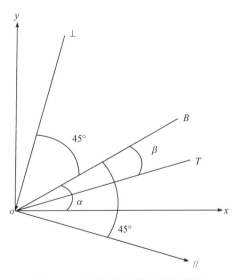

图 4.1　偏振差分成像原理示意图

此时，目标光在 // 方向上的光强分量 $I_{//}(T)$ 为

$$I_{//}(T) = I(T)\cos^2(45^\circ - \beta) \tag{4-2}$$

目标光在 ⊥ 方向上的光强分量 $I_\perp(T)$ 为

$$I_\perp(T) = I(T)\cos^2(45^\circ + \beta) \tag{4-3}$$

因此，经过差分操作之后，目标光强为

$$\begin{aligned}
I_{pd}(T) &= I_{//}(T) - I_\perp(T) \\
&= I(T)\left[\cos^2(45^\circ - \beta) - \cos^2(45^\circ + \beta)\right] \\
&= I(T)\sin 2\beta
\end{aligned} \tag{4-4}$$

为了保证偏振差分得到的图像强度为正值，通常认为水平方向上的光强分量值大于垂直方向上的光强分量值。

由式(4-1)和式(4-4)可知，偏振差分图像强度为

$$\begin{aligned}
I_{pd} &= I_{//} - I_\perp \\
&= I_{//}(T) - I_\perp(T) + I_{//}(B) - I_\perp(B) \\
&= I_{pd}(T) + I_{pd}(B) \\
&= I(T)\sin 2\beta
\end{aligned} \tag{4-5}$$

由此可知，偏振差分图像中仅有目标光分量存在，背景光被滤除，因此偏振差分成像能够有效地将背景光滤除，使目标光得以保存。

4.2　快速偏振差分成像

在实施偏振差分成像时，需根据背景光偏振方向确定检偏器所处的最优方向。但是，在成像探测进行前不能确定该方向，因此在实施偏振差分成像时需通过检偏器的机械旋转来确定最佳探测方向，实现最大限度地抑制背景光。机械旋转的方法会严重限制偏振差分成像的实用性，尤其是对运动目标成像时，机械旋转检偏器的方法根本无法适用。为了克服该缺点，我们考虑提高偏振差分成像效率。

4.2.1　快速偏振差分成像原理

我们知道包含四个参量的 Stokes 矢量常用来表征光的偏振态，检偏器是借助 Mueller 矩阵实现对光的检偏过程。设入射光的 Stokes 矢量为 S_{in}，检偏器的 Mueller 矩阵为 M，则通过检偏器后光线的 Stokes 矢量 S_{out} 为

$$S_{out} = MS_{in} \tag{4-6}$$

当检偏器与 x 轴方向的夹角为 θ 时，其 Mueller 矩阵变为

$$M(\theta) = A(-2\theta)MA(2\theta) \tag{4-7}$$

其中，$A(2\theta)$ 为旋转矩阵，即

$$A(2\theta) = \begin{bmatrix} 1 & 0 & 0 & 0 \\ 0 & \cos 2\theta & \sin 2\theta & 0 \\ 0 & -\sin 2\theta & \cos 2\theta & 0 \\ 0 & 0 & 0 & 1 \end{bmatrix} \tag{4-8}$$

由式(4-7)可得处在最优方向的两正交检偏器的 Mueller 矩阵分别为

$$M_{/\!/} = \frac{1}{2} \begin{bmatrix} 1 & -\sin 2\alpha & \cos 2\alpha & 0 \\ -\sin 2\alpha & \sin^2 2\alpha & -\sin 2\alpha \cos 2\alpha & 0 \\ \cos 2\alpha & -\sin 2\alpha \cos 2\alpha & \cos^2 2\alpha & 0 \\ 0 & 0 & 0 & 0 \end{bmatrix} \tag{4-9}$$

$$M_{\perp} = \frac{1}{2} \begin{bmatrix} 1 & \sin 2\alpha & -\cos 2\alpha & 0 \\ \sin 2\alpha & \sin^2 2\alpha & -\sin 2\alpha \cos 2\alpha & 0 \\ -\cos 2\alpha & -\sin 2\alpha \cos 2\alpha & \cos^2 2\alpha & 0 \\ 0 & 0 & 0 & 0 \end{bmatrix} \tag{4-10}$$

其中，α 为背景光偏振方向角。

设目标光和背景光的 Stokes 矢量分别为 $S(T) = \begin{bmatrix} I(T) \\ Q(T) \\ U(T) \\ V(T) \end{bmatrix}$ 和 $S(B) = \begin{bmatrix} I(B) \\ Q(B) \\ U(B) \\ V(B) \end{bmatrix}$。

当目标光与背景光经过这两个相互正交的检偏器后，这两种光在最优正交方向上的偏振分量为

$$S_{/\!/}(B) = \frac{1}{2} \begin{bmatrix} I(B) + Q(B)\sin 2\alpha - U(B)\cos 2\alpha \\ I(B)\sin 2\alpha + Q(B)\sin^2 2\alpha - U(B)\sin 2\alpha \cos 2\alpha \\ -I(B)\cos 2\alpha - Q(B)\sin 2\alpha \cos 2\alpha + U(B)\cos^2 2\alpha \\ 0 \end{bmatrix} \tag{4-11}$$

$$S_{\perp}(B) = \frac{1}{2} \begin{bmatrix} I(B) - Q(B)\sin 2\alpha + U(B)\cos 2\alpha \\ -I(B)\sin 2\alpha + Q(B)\sin^2 2\alpha - U(B)\sin 2\alpha \cos 2\alpha \\ I(B)\cos 2\alpha - Q(B)\sin 2\alpha \cos 2\alpha + U(B)\cos^2 2\alpha \\ 0 \end{bmatrix} \tag{4-12}$$

$$S_{//}(T) = \frac{1}{2} \begin{bmatrix} I(T) + Q(T)\sin 2\alpha - U(T)\cos 2\alpha \\ I(T)\sin 2\alpha + Q(T)\sin^2 2\alpha - U(T)\sin 2\alpha \cos 2\alpha \\ -I(T)\cos 2\alpha - Q(T)\sin 2\alpha \cos 2\alpha + U(T)\cos^2 2\alpha \\ 0 \end{bmatrix} \qquad (4\text{-}13)$$

$$S_{\perp}(T) = \frac{1}{2} \begin{bmatrix} I(T) - Q(T)\sin 2\alpha + U(T)\cos 2\alpha \\ -I(T)\sin 2\alpha + Q(T)\sin^2 2\alpha - U(T)\sin 2\alpha \cos 2\alpha \\ I(T)\cos 2\alpha - Q(T)\sin 2\alpha \cos 2\alpha + U(T)\cos^2 2\alpha \\ 0 \end{bmatrix} \qquad (4\text{-}14)$$

在偏振差分成像中，关注的物理量是背景光和目标光经过检偏器后的光强。根据 Stokes 矢量中各参量的物理含义可知，其第一个元素表示光强，由此可得到背景光和目标光的强度，即

$$I_{//}(B) = \left[I(B) + Q(B)\sin 2\alpha - U(B)\cos 2\alpha \right]/2 \qquad (4\text{-}15)$$

$$I_{\perp}(B) = \left[I(B) - Q(B)\sin 2\alpha + U(B)\cos 2\alpha \right]/2 \qquad (4\text{-}16)$$

$$I_{//}(T) = \left[I(T) + Q(T)\sin 2\alpha - U(T)\cos 2\alpha \right]/2 \qquad (4\text{-}17)$$

$$I_{\perp}(T) = \left[I(T) - Q(T)\sin 2\alpha + U(T)\cos 2\alpha \right]/2 \qquad (4\text{-}18)$$

因此，经偏振差分成像操作后，背景光的强度为

$$\begin{aligned} I_{\mathrm{pd}}(B) &= I_{//}(B) - I_{\perp}(B) \\ &= \frac{1}{2}\{[I(B) + Q(B)\sin 2\alpha - U(B)\cos 2\alpha] \\ &\quad -[I(B) - Q(B)\sin 2\alpha + U(B)\cos 2\alpha]\} \\ &= Q(B)\sin 2\alpha - U(B)\cos 2\alpha \end{aligned} \qquad (4\text{-}19)$$

根据偏振方向角与 Stokes 矢量间的关系，即

$$\tan 2\psi = \frac{U}{Q} \qquad (4\text{-}20)$$

可知

$$\psi = \frac{1}{2}\arctan\frac{U(B)}{Q(B)} \qquad (4\text{-}21)$$

由式(4-21)可得

$$U(B)\cos 2\alpha = Q(B)\sin 2\alpha \qquad (4\text{-}22)$$

将式(4-22)代入式(4-19)可得

$$
\begin{aligned}
I_{pd}(B) &= I_{//}(B) - I_{\perp}(B) \\
&= \frac{1}{2}\{[I(B) + Q(B)\sin 2\alpha - U(B)\cos 2\alpha] \\
&\quad -[I(B) - Q(B)\sin 2\alpha + U(B)\cos 2\alpha]\} \\
&= Q(B)\sin 2\alpha - U(B)\cos 2\alpha \\
&= 0
\end{aligned} \tag{4-23}
$$

将式(4-23)与式(4-1)相比可知,此式符合偏振差分成像的结果,达到了偏振差分成像消除背景光的目的。

对目标光同样进行差分可得

$$
\begin{aligned}
I_{pd}(T) &= I_{//}(T) - I_{\perp}(T) \\
&= \frac{1}{2}\{[I(T) + Q(T)\sin 2\alpha - U(T)\cos 2\alpha] \\
&\quad -[I(T) - Q(T)\sin 2\alpha + U(T)\cos 2\alpha]\} \\
&= Q(T)\sin 2\alpha - U(T)\cos 2\alpha
\end{aligned} \tag{4-24}
$$

联立式(4-23)与式(4-24)可得偏振差分图像强度,即

$$
\begin{aligned}
I_{pd} &= I_{//} - I_{\perp} \\
&= I_{//}(B) - I_{\perp}(B) + I_{//}(T) - I_{\perp}(T) \\
&= Q(T)\sin 2\alpha - U(T)\cos 2\alpha \\
&= Q\sin 2\alpha - U\cos 2\alpha
\end{aligned} \tag{4-25}
$$

据式(4-25)可知,只需测得场景的 Stokes 矢量和背景光偏振方向角,即可实现偏振差分成像,从而增加图像对比度,提高图像质量。相对通过机械旋转偏振片寻找最优正交偏振方向来进行偏振差分成像的传统方法,该方法可实现快速偏振成像,有利于偏振差分成像的实时操作,因此称为快速偏振差分成像。

Stokes 矢量的测量方法有多种。传统的方法是利用旋转偏振片的方法进行测量。首先测量出偏振片的偏振方向与 x 轴方向分别成 $0°$、$45°$、$90°$夹角时的光强 $I(0°)$、$I(45°)$、$I(90°)$,则 Stokes 矢量的前三个分量为

$$
\begin{aligned}
I &= I(0°) + I(90°) \\
Q &= I(0°) - I(90°) \\
U &= 2I(45°) - I(0°) - I(90°)
\end{aligned} \tag{4-26}
$$

目前关于 Stokes 矢量的测量,尤其是前三个参量的实时测量有多种方法[173-176]能够实现。本章提出的快速偏振差分成像正是基于 Stokes 矢量的实时测量,使偏振差分成像的应用范围进一步扩大。鉴于此,快速偏振差分成像实现的另一个关键因素是背景光偏振方向角的确定。

4.2.2　背景光偏振方向角的计算

如图 4.2 所示，B' 表示背景光在 α 方向上的分量，B'' 表示背景光在垂直于 α 方向上的分量。由图可知，背景光在 B' 方向上的强度分量为

$$I(B') = \frac{I_0(B)}{\cos^2 \alpha} \tag{4-27}$$

其中，$I_0(B)$ 为 B' 在 x 轴方向的强度分量。

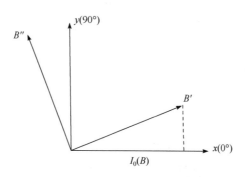

图 4.2　背景光示意图

由式(4-27)和背景光强度 $I(B')$，则背景光在垂直于 α 方向上分量的强度值为

$$I(B'') = I(B) - I(B') = I(B) - \frac{I_0(B)}{\cos^2 \alpha} \tag{4-28}$$

考虑背景光为部分偏振光，则 $I_H(B)$ 主要包含背景光的偏振分量和一半非偏分量，$I_V(B)$ 主要包含一半非偏振光。因此，背景光偏振部分的强度近似为

$$I_p(B) = I(B') - I(B'') = \frac{2I_0(B)}{\cos^2 \alpha} - I(B) \tag{4-29}$$

考虑偏振度的定义为

$$P = \frac{I_p}{I_t} \tag{4-30}$$

其中，I_p 为光束偏振分量的光强；I_t 为光束的总光强。

由式(4-30)可利用偏振度表示出背景光偏振分量的强度，即

$$I_p(B) = PI(B) \tag{4-31}$$

利用式(4-29)和式(4-31)，可得

$$PI(B) = \frac{2I_0(B)}{\cos^2 \alpha} - I(B) \tag{4-32}$$

从而能够得到背景光偏振角的余弦值，我们称为权重系数，即

$$\cos^2\alpha = \frac{2I_0(B)}{(1+P)I(B)} \tag{4-33}$$

由式(4-33)可知，获得背景光的总光强、背景光在 x 轴方向的分量和背景光偏振度即可获得背景光偏振方向角，实现快速偏振差分成像。

我们注意到，背景光在 x 轴方向的强度分量 $I_0(B)$ 是背景光总光强的一部分，即

$$I_0(B) = \varepsilon I(B) \tag{4-34}$$

由于背景光在 x 轴方向的强度分量总是小于等于背景光总光强，则 ε 的取值范围为 $[0,1]$。当 $\varepsilon = 0$ 时，表示背景光为垂直线偏光，当 $\varepsilon = 1$ 时，表示背景光为水平线偏振光。

根据偏振度和 Stokes 矢量的关系可知

$$P = \frac{\sqrt{Q^2(B)+U^2(B)}}{I(B)} \tag{4-35}$$

因此，可得

$$P \geqslant \frac{|Q(B)|}{I(B)} \tag{4-36}$$

由式(4-34)可知，背景光的水平偏振分量强度为

$$\begin{aligned} Q(B) &= I_0(B) - I_{90}(B) \\ &= \varepsilon I(B) - (1-\varepsilon)I(B) \\ &= (2\varepsilon - 1)I(B) \end{aligned} \tag{4-37}$$

将式(4-37)代入式(4-36)可得

$$|2\varepsilon - 1| \leqslant P \tag{4-38}$$

由式(4-38)可知

$$\frac{1-P}{2} \leqslant \varepsilon \leqslant \frac{1+P}{2} \tag{4-39}$$

因此，ε 的取值范围为 $\left[\dfrac{1-P}{2}, \dfrac{1+P}{2}\right]$。

此外，联合式(4-33)和式(4-34)可知

$$\begin{aligned} \cos^2\alpha &= \frac{2I_0(B)}{(1+P)I(B)} \\ &= \frac{2\varepsilon I(B)}{(1+P)I(B)} \\ &= \frac{2\varepsilon}{1+P} \end{aligned} \tag{4-40}$$

将式(4-39)代入式(4-40)可得

$$\frac{1-P}{1+P} \leqslant \cos^2 \alpha \leqslant 1 \tag{4-41}$$

由式(4-41)可知，背景光偏振方向角的取值范围由背景光偏振度确定。因此，要获得背景光偏振方向角需首先获得背景光偏振度，然后通过计算机迭代在 $\left[\dfrac{1-P}{1+P}, 1\right]$ 之间插值即可。

背景光的一个重要组成部分是处在目标和容器前壁之间的介质光。该部分光线与目标光混叠(图 4.3)，使直接计算其偏振度成为不可能。为此，受 Dubreuil 等[46]相关工作的启发，我们采用无目标区域光线的偏振度代替背景光的偏振度。

从图 4.3 可以清晰看出，目标区域前的介质光与无目标区域的介质光经历的散射过程不同，因此二者的偏振特性也存在差异。在目标区域前，由于目标遮挡，介质光只包括目标前近距离处散射光；在不含目标区域，不存在目标遮挡，使目标后介质散射光也能够传播到该区域，因此该区域的介质光不仅包含目标前近距离处散射光，还包括目标后远距离处散射光。可直接观察到这两部分介质光经历的路程不同，目标区域后介质散射光的光程大于目标区域前近距离处介质散射光的光程。由于散射会使光的偏振特性发生变化，光程越长，经历的散射次数越多，则消偏程度增大，偏振度降低。因此，从理论上可知，目标区域前介质光偏振度高于无目标区域介质光偏振度。为了保证结果的精确性，我们通常选取无目标区域介质光偏振度的最大值作为背景光的偏振度。无目标区域介质光的偏振度可由式(4-35)计算得到。

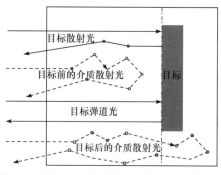

图 4.3　目标区域和无目标区域介质光的分布

由式(4-25)和式(4-40)可知，只需获得场景 Stokes 参量和无目标区域的背景光偏振度即可实现偏振差分成像，提取目标有效信息。无目标区域的背景光偏振度可由对应区域的 Stokes 参量获取。因此，快速偏振差分成像是基于场景 Stokes 参量就能够获得目标清晰图像的成像方法，无须检偏器机械旋转寻找背景光的偏振方向角。

4.2.3　快速偏振差分成像实验测量系统

我们进行了快速偏振差分成像实验，并分析了获取的实验结果。实验测量装置示意图如图 4.4 所示。

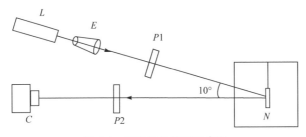

图 4.4　实验测量装置示意图

从氦氖激光器 L 中发出波长为 632.8 nm 的激光，经过光扩束器 E，光束直径变为 15 mm，均匀照射到目标上。然后，经过线偏振片 $P1$。该偏振片称作起偏器，经过该起偏器，可以确定入射光的偏振态。入射光束以和目标表面法线成 10° 夹角照射到目标表面。线偏振片 $P2$ 作为检偏器，检测目标和浑浊介质中反射光的偏振态。CCD 相机对目标成像。尺寸大小为 50 mm × 50 mm × 55 mm 的石英比色皿作为容器。10% 脂肪乳溶液用来模拟浑浊介质[177, 178]。含有字母"N"的 CD 盘作为目标。CD 盘表面除字母外，其余部分被油漆覆盖，因此当入射光照射到光盘表面时，在字母表面发生镜面反射，而在字母"N"以外的部分发生漫反射。实验测量系统实物图如图 4.5 所示。

图 4.5　实验测量系统实物图

进行实验时，在比色皿中放入 100 mL 去离子水，然后加入 0.2 mL 10% 脂肪乳原液。利用文献[179]提供的测量方法，计算得到的介质散射系数为 0.714 cm^{-1}、各向异性因子为 0.73。目标放置在距比色皿前壁 25 mm 处，对应的光学厚度为1.785。

4.2.4　快速偏振差分成像实验结果

由理论分析可知，要实现快速偏振差分成像，需获得场景的 Stokes 参量，因此进行实验时需先测量 Stokes 参量。受现有实验条件限制，我们不能同时获取Stokes 参量，只能采用时序的方式获取。借助分焦平面的偏振相机，Stokes 参量能够实时获取，因此实验的主要目的是验证快速偏振差分成像能够有效地提高目标图像对比度，增大探测距离。

在实验中，设置 CCD 相机采集图像的帧频为 8 幅，分别记录偏振片最大透光方向为 0°、90°和45°时的光强 $I(0°)$、$I(90°)$ 和 $I(45°)$。由式(4-26)可得到 Stokes矢量前三个分量 I、Q 和 U，如图 4.6 所示。为保证实验结果的准确性，在测量$I(0°)$、$I(90°)$ 和 $I(45°)$ 时，对每个参量分别测量 8 次，通过计算其平均值来保证Stokes 参量的精度。

得到的强度图像和快速偏振差分图像如图 4.7 所示。对比两幅图像可知，快速偏振差分成像获得的目标图像视觉效果要优于强度成像。这是由于强度成像获得的强度图像中不仅包含目标光，还包括背景光。快速偏振差分成像在成像时滤除了背景光，只保留了目标光。

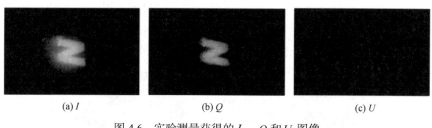

(a) I　　　　　　　(b) Q　　　　　　　(c) U

图 4.6　实验测量获得的 I、Q 和 U 图像

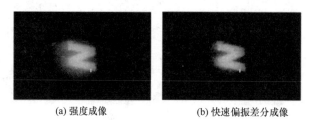

(a) 强度成像　　　　　　　(b) 快速偏振差分成像

图 4.7　强度图像和快速偏振差分图像

图4.8给出了沿图4.7中三角符号标识方向上强度成像和快速偏振差分成像获得的强度曲线分布。图中带有方形标识的曲线对应强度成像获得的强度值分布，

带有圆形标识的曲线对应快速偏振差分成像获得的强度值分布。可知,快速偏振差分成像对应的强度值曲线低于强度成像获得的强度值曲线,尤其是在无目标区域,二者强度值之差更大。这是因为在无字母区域发生的反射属于漫反射,该部分反射光会有较严重的消偏,偏振度降低,进行快速偏振差分成像时,该部分光会被滤除。

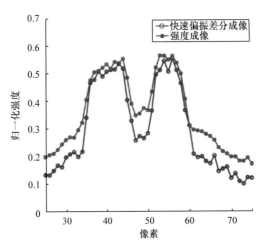

图 4.8　强度成像和快速偏振差分成像获得的强度曲线分布

上述实验部分定性分析了强度成像和快速偏振差分成像的效果,为了进一步衡量快速偏振成像对图像质量的提升能力,在此选择对比度作为定量评判标准。图像对比度的计算式为

$$C = \frac{I_{max} - I_{min}}{I_{max} + I_{min}} \tag{4-42}$$

其中,I_{max} 为目标区域中目标对应的光强;I_{min} 为目标区域中背景对应的光强。

通过定量计算图 4.7 中方形区域的图像对比度可知,强度成像获得的对比度为 0.28,快速偏振差分成像获得的对比度为 0.45。这两个数值明确地表明,快速偏振差分成像能够有效地提高目标的对比度,提高成像质量。

浑浊介质中目标成像探测的主要目的是提高目标图像对比度,增大成像距离,获得清晰目标图像。根据这个出发点,利用式(4-42)可以得到图像对比度与背景光偏振方向角 α 间的关系。在 α 取值范围内,每个数值都对应一个图像对比度。根据图像对比度和偏振方向角 α 的对应关系,选择图像对比度最大值对应的偏振方向角作为最优 α 值。借助计算程序,该过程可自动进行,即输入原始图像,通过计算机的迭代运算,便可得到图像对比度的最高值及对应的最优偏振方向角。我们采用的计算机处理器为 i7-6700k,主频为 4GHz,内存为 8GByte。采用的图像处理程序用 MATLAB 语言编写。将该计算过程运行 100 次可以获得从原始图像输入到具有最高对比度图像和最优权重系数输出整个过程的运行时间，平均运行时间为 0.022 s。该数值可以较好地说明快速偏振差分成像计算过程的快捷性。

快速偏振差分成像图像对比度与权重系数间的关系如图 4.9 所示。可以看出，快速偏振差分成像的图像质量是权重系数的函数，不同的权重系数对应不同的对比度。权重系数在 0.2～0.6 范围内变化，图像对比度数值均在 0.2 以上。最优偏振方向角对应的 $\cos^2\alpha$ 为 0.42，此时图像对比度最大(0.45)。

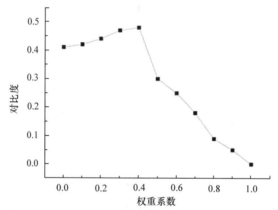

图 4.9　快速偏振差分成像图像对比度与权重系数间的关系

根据所得到的背景光最优偏振方向角 α，可以进行普通偏振差分成像。根据获取的最优偏振方向角 α，利用图 4.4 所示的成像系统，调整检偏器 $P2$ 的方向，记录检偏器最大透光方向分别为 $\alpha+45°$ 和 $\alpha-45°$ 时的强度图像 $I_{\parallel}$ 和 $I_{\perp}$，利用式(4-5)可得到普通偏振差分成像图像。为了保证实验结果的准确性，同样对 $I_{\parallel}$ 和 $I_{\perp}$ 的测量重复进行 8 次并取平均值。

接下来对强度成像、普通偏振差分成像和快速偏振差分成像获得的图像进行比较。同样，沿图 4.7 中三角符号标识的方向上画三种成像方法获得的图像强度值曲线，如图 4.10 所示。由此可知，普通偏振差分成像的强度值曲线与快速偏振差分成像强度值曲线具有相似的分布趋势，而且二者的强度值也几乎相等。这表明，快速偏振差分成像与普通偏振差分成像一样，能够滤除背景光。由式(4-42)可知，其图像对比度为 0.41。该图像对比度值与快速偏振差分成像得到的图像对比度值 0.45 几乎相等，表明快速偏振差分成像与普通偏振差分成像的成像效果相当，能够有效提高图像对比度，增强成像质量。

从以上分析可知，快速偏振差分成像与普通偏振差分成像一样，能够有效地滤除背景光，提高图像质量。但与普通偏振差分成像相比较，快速偏振差分成像不依赖检偏器的最优方向，不需要机械旋转检偏器，只需测得场景的 Stokes 矢量

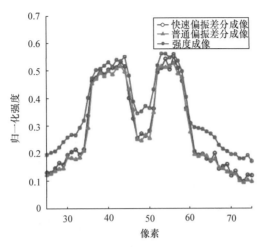

图 4.10　强度成像、快速偏振差分成像和普通偏振差分成像获得的强度曲线分布

即可。因此，相对于普通偏振差分成像，快速偏振差分成像不仅能够探测静止目标，也能够探测运动目标，而且即使目标所处的环境不断变化，快速偏振差分成像依然能够适用。借助快速偏振差分成像，可将偏振差分成像的适用范围进行扩展，使偏振差分成像适用于更多的环境条件。

为了进一步验证该方法的正确性和稳定性，通过微位移移动装置改变目标到容器前壁的距离，利用快速偏振差分成像测量目标在不同光学厚度下的图像，并与强度成像和普通偏振差分成像获得的图像进行比较。依然采用对比度来定量评价各种成像方式的成像效果。三种成像方式获得的图像对比度随光学厚度分布曲线如图 4.11 所示。在各光学厚度下，快速偏振差分成像和普通偏振差分成像的图像质量基本相同，且均高于强度成像。

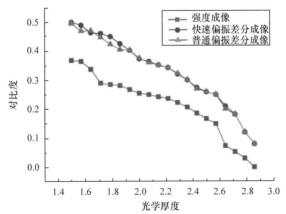

图 4.11　强度成像、快速偏振差分成像和普通偏振差分成像获得的图像
对比度随光学厚度分布曲线

　　为了能够对快速偏振成像的稳定性进行充分验证，我们又进行了一组实验。实验仍选用图 4.4 所示的实验装置。目标为粘贴在砂纸上的铝条，将其放置在 10% 脂肪乳溶液中。通过改变溶液浓度和成像距离使光学厚度为 0.25。在该条件下，分别用强度成像和快速偏振差分成像对目标进行探测，测得的图像如图 4.12 所示。可知，在强度成像获得的目标图像中铝条与背景的差别较小，而在快速偏振差分成像获得的图像中铝条与背景的差别较大，可以更好地凸显铝条信息。利用式(4-42)可计算得到图中方框区域的图像对比度。强度成像对应的对比度为 0.35，快速偏振差分成像获得的图像对比度为 0.62，定量表明快速偏振差分成像能够有效地提高图像质量。

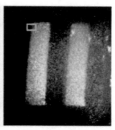

(a) 强度成像　　　　　(b) 快速偏振差分成像

图 4.12　强度成像和快速偏振差分成像获得的铝条图像

　　对图 4.12 所示图像的强度值分布进行统计，可以得到如图 4.13 所示的图像强度值概率分布。从图中可知，强度成像获得图像强度值较大，约有一半像素点的强度值超过 150，而快速偏振差分成像获得的图像整体强度值较低，约有 1/6 像素点的强度值超过 150，表明快速偏振差分成像能够有效地滤除背景光。

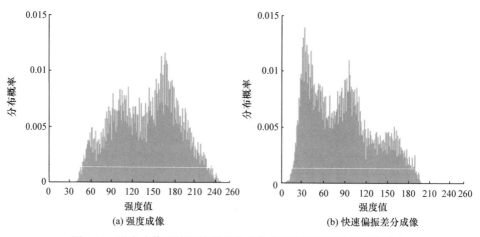

(a) 强度成像　　　　　　　　　　　(b) 快速偏振差分成像

图 4.13　强度成像和快速偏振差分成像获得的图像强度值概率分布

4.3　光矢量方向调控的偏振差分成像

借助 Stokes 参量实现偏振差分成像, 不仅能够获得浑浊介质中目标的清晰图像, 还能在一定程度上增大偏振差分成像的实效性, 提高成像效率。本节将进一步针对如何提高偏振差分成像的时效性进行深入探究, 通过分析介质后向散射光和目标反射光空间分布规律, 提出基于光矢量方向调控偏振差分成像方法, 以进一步有效地降低偏振差分成像的耗时。

4.3.1　光矢量方向调控的偏振差分成像模型

当浑浊介质中散射体的粒径大于或小于光波长时, 光与散射体间的相互作用分别属于 Mie 散射与瑞利散射的范畴。利用马尔文激光粒度仪测得的脂肪乳溶液中粒子的平均粒径 $a = 0.293\mu m$, 氦氖激光器发出的光线波长 $\lambda = 632.8nm$。$\dfrac{d}{\lambda} < 1$, 表明光与脂肪乳溶液中的粒子相互作用过程中发生的散射属于瑞利散射。偏振光在浑浊介质中传输时的前向散射光与后向散射光均具有较好的保偏特性, 与入射光的偏振态基本相同。当利用偏振成像技术对处在浑浊介质中表面光滑的目标进行后向探测时, 该类型的物体对入射偏振光同样具有保偏作用。最终的结果使目标光与水体后向散射光的偏振态比较接近, 很难利用偏振成像方法对水下目标进行探测与识别。值得注意的是, 此时入射光与水下目标的相互作用以镜面反射为主, 该过程与漫反射过程不同, 目标光的能量主要集中在某一特定方位角内。

为此, 基于水体后向散射光与目标光的空间偏振特性差异, 通过调节水体后向散射光的偏振方向可以实现浑浊介质中的目标探测与识别。来自浑浊介质后向散射光的角分布特性如图 4.14 所示。当光垂直入射到浑浊介质中时, 位于光传输方向上的微粒都可以看作一个散射源, 并且入射点附近的散射光子都可等效认为来自该散射源。

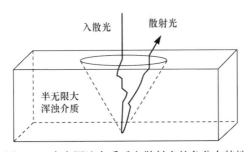

图 4.14　来自浑浊介质后向散射光的角分布特性

4.3.2　光矢量方向调控的偏振差分成像系统

考察太阳鱼的视觉系统，如图 4.15 所示。该视觉系统由许多复眼对(图中的 "8"与"9")组成。每个复眼对都类似于偏振光学中的检偏器，对光的偏振信息比较敏感，能够独立地基于马吕斯定律对偏振光的强度进行调节。根据生物视觉系统的偏振成像特点，利用 Rowe 等从仿生学角度提出主动偏振差分成像方法来探测与识别处在浑浊介质的目标物。

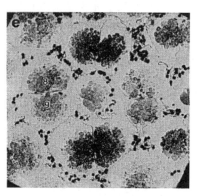

图 4.15　太阳鱼视觉系统示意图

在此需要特别说明的是，本章所提出的偏振差分成像方法与 Rowe 等提出的偏振差分成像方法不同，两种成像方法的区别主要体现在以下两方面。一方面，Rowe 等提出的偏振差分成像方法通过被动探测的方式对处在浑浊介质中的目标物进行探测与识别，而本章提出的偏振差分成像方法通过主动探测的方式对处在浑浊介质中的目标进行探测，能够适应更多的成像环境，实用性更强。另一方面，Rowe 等提出的偏振差分成像方法需要通过多次调整 CCD 相机前的检偏器最大透光方向获取检偏器最佳的探测方向，探测过程所需时间较长，而本章提出的方法可以有效避免这个问题。

当光垂直入射到浑浊介质中时，根据图 4.14 所示的散射模型，水体后向散射光来自入射光与浑浊介质中散射体的相互作用。假设后向散射光以入射光的传输方向为轴呈对称分布，目标镜面反射光主要集中在某一特定的方位角内。因此，在成像过程中，尽管目标反射光和水体后向散射光的偏振态基本相同，但它们对应的光场空间分布不同，即目标反射光与水体后向散射光沿入射光传输方向分别呈现不对称与对称分布。在此基础上，根据太阳鱼偏振视觉系统的特点调制目标反射光和水体后向散射光的偏振方向。调制偏振差分成像系统如图 4.16 所示。图 4.16 为光矢量方向调控的偏振差分水下成像系统。

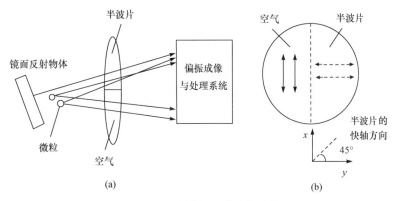

图 4.16　调制偏振差分成像系统

我们在传统偏振差分成像探测系统的基础上增加一半波片。该半波片不同于通常意义上的半波片，由一半半波片与一半空气组成，可以实现对空间不同区域的水体后向散射光场的调节。当偏振光经过该半波片时，约有一半光线被半波片调节，另一半光线保持原有偏振态继续传播。若将该特殊的半波片换成传统的半波片，则目标反射光与水体后向散射光全部通过半波片。两者的偏振信息将经历相同的调节过程，此时偏振调节对于提高偏振探测信噪比没有意义。由于水体后向散射光沿光线传播方向对称分布，因此经过该波片后，一半光线的偏振发生改变，另外一半光线仍保持原偏振态。考虑半波片的作用，被调节的水体后向散射光相比于未被调节的水体后向散射光，其偏振方向旋转了 90°。调制偏振差分原理如图 4.17 所示。

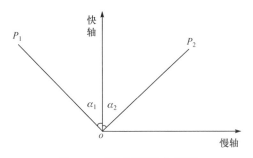

图 4.17　调制偏振差分原理

为了便于说明，假定入射光的偏振方向 P_1 与半波片慢轴方向间的夹角为 135°，与快轴方向间的夹角 α_1 为 45°。因此，当半波片的快轴方向与入射光的偏振方向成 45°夹角时，偏振光的偏振方向变为 P_2，此时与快轴正方向间的夹角 α_2 为 45°。因此，经过偏振调节后光场与原来入射光的偏振方向相互正交。需要强调的是，目标反射光通过该半波片时表现出两种性质，即当其通过半波片侧时，偏振方向变为与原来的偏振方向相垂直；当其通过空气侧时，偏振方向不会发生改变。虽然两种情况下的偏振方向不相同，但仍为偏振光。来自散射微粒的后向散射光一半经过调节，一半未经过调节，因此通过偏振差分成像可以将水体后向散射光滤除，使水下目标光信息得以保留。

为了便于理解上述成像过程，假设线偏振光的振动方向与半波片快轴方向间的夹角为 45°，所建坐标系的 x 轴与 y 轴方向与半波片的快轴，以及慢轴方向分别相同。光场中的电矢量为

$$E_x = \cos(\omega t + kr + \Delta\varphi_1) \tag{4-43}$$

$$E_y = \cos(\omega t + kr + \Delta\varphi_2) \tag{4-44}$$

其中，$\Delta\varphi_1$ 和 $\Delta\varphi_2$ 为光场 E_x 和 E_y 的初相位。

两个偏振方向相互正交的光场经过合成后变为

$$\frac{E_x^2}{A_x^2} + \frac{E_y^2}{A_y^2} - \frac{E_x E_y}{A_x A_x}\cos\Delta\varphi = \sin^2\Delta\varphi \tag{4-45}$$

其中，$\Delta\varphi = \Delta\varphi_1 - \Delta\varphi_2$，表示 x 轴与 y 轴方向上电场分量的初相位差值。

偏振光的偏振方向与 x 轴的夹角为 α，存在如下关系，即

$$\tan 2\alpha = \frac{2A_x A_y \cos\Delta\varphi}{A_x^2 - A_y^2} \tag{4-46}$$

当 $\Delta\varphi = 2k\pi(k = 0, \pm1, \pm2, \cdots)$时，式(4-45)演化为

$$\frac{E_x^2}{A_x^2} + \frac{E_y^2}{A_y^2} - \frac{2E_x E_y}{A_x A_y} = 0 \tag{4-47}$$

即

$$\frac{E_x}{A_x} = \frac{E_y}{A_y} \tag{4-48}$$

此时对应光线的偏振状态为线偏振光，合成的偏振方向指向一、三象限。偏振光与 y 轴的夹角为

$$\alpha = \arctan\frac{A_x}{A_y} \tag{4-49}$$

当 $\Delta\varphi = (2k+1)\pi(k = 0, \pm1, \pm2, \cdots)$时，式(4-45)演化为

$$\frac{E_x}{E_y} = -\frac{A_x}{A_y} \tag{4-50}$$

此时对应光线的偏振状态仍为线偏振光，合成的偏振方向指向二、四象限。偏振光与 y 轴的夹角为

$$\alpha = -\arctan\frac{A_x}{A_y} \tag{4-51}$$

当使用该特殊半波片对线偏振光进行调节时，x 轴与 y 轴向上的电场分量的相位差变化了 π。由此可知，半波片通过对线偏振光调节，使前后偏振光的振动方向相对于晶体的快轴方向呈现轴对称的特性。因此，当线偏振光振动方向与半波片快轴方向夹角为 45°时，半波片的调节作用使线偏振光的振动方向与未被调节前的振动方向相互垂直。

主动偏振差分成像时，在进入图像采集系统的两部分水体后向散射光，经过调节的偏振光的振动方向与原来入射光的偏振方向相互垂直，未经调节的偏振光的振动方向与原来的入射光的偏振方向平行。基于图 4.14 所示的散射模型，假设水体后向散射光的能量分布沿入射光的方向呈轴对称分布，因此经过调节与未被调节的水体后向散射光强度近似相等，通过作差可以将这两部分水体后向散射光滤除。来自水下物体的镜面反射光不论是否经过半波片的调制，其在 CCD 相机像平面上成的像仍然保偏，经过偏振差分处理后得以保留。这样通过主动调节偏振光振动方向的方法来对散射背景进行共模抑制，可以实现利用偏振成像方法探测处在浑浊介质中镜面物体的目的。

为了进一步分析光矢量方向调控偏振差分成像的优势，我们对传统偏振差分成像和光矢量方向调控偏振差分成像进行了对比。调制偏振差分与传统偏振差分的比较如图 4.18 所示。图 4.18(a)为太阳鱼视觉系统中的复眼结构，该复眼系统类似于一组检偏器，并且该组检偏器的最大透光方向相互正交，利用偏振差分成像方法可以再现水下目标。然而，利用传统的偏振差分成像方法探测处在浑浊介质中的目标时需要多次调节偏振片的最大透光方向，从而获得处在浑浊介质中目标物最优的探测与识别效果，如图 4.18(b)所示。但是，该方法需要更多的时间去实现，减弱了其在实际中的应用。为此，本章提出光矢量方向调控的偏振差分成像方法，通过在 CCD 相机前端加一半波片实现对后向散射光的偏振态调节。该调节方法可以直接在CCD 相机前采集与入射线偏振光振动方向平行和正交的部分，并对这两部分偏振光分量直接进行差分处理，如图 4.18(c)所示。因此，相对于传统的偏振差分成像，光矢量方向的偏振差分成像方法不需要进行检偏器的旋转，从而提高成像效率，有利于偏振差分成像的实用化。

4.3.3　光矢量方向调控的偏振差分成像实验验证

为了验证上述分析，我们进行了光矢量方向调控的偏振差分成像实验。调制

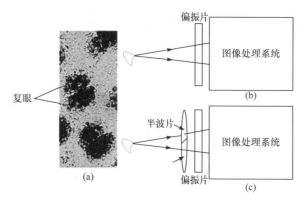

图 4.18　调制偏振差分与传统偏振差分的比较

偏振差分光路如图 4.19 所示。从氦氖激光器中发出的波长为 632.8nm 的激光，经过光扩束器，使光束直径扩大，能够均匀照射到目标上。利用 CCD 相机，通过旋转检偏器分别在与入射线偏振光振动方向相平行及正交两个方向进行图像采集。为减小噪声对探测效果的影响，保证探测精度，采取测量四幅图像求平均值的方法来获取偏振方向与入射偏振光振动方向相平行和相正交方向的图像。通过对这两部分振动方向相互正交的偏振分量进行作差，可以实现对水下物体的偏振差分探测。进行实验时，在比色皿中放入 100mL 去离子水，加入脂肪乳溶液原液构成不同浓度的脂肪乳溶液。

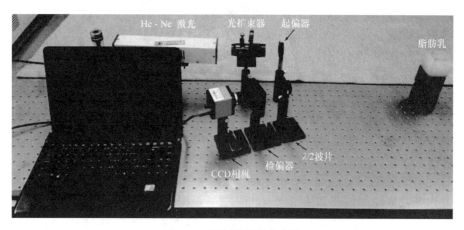

图 4.19　调制偏振差分光路

4.3.4　光矢量方向调控的偏振差分成像实验结果

调制偏振差分背景光的偏振调制如图 4.20 所示。根据 CCD 相机进行直接拍照的结果，图 4.20 为脂肪乳溶液浓度不同时，有与无半波片调节时的利用偏振差分成像方法测量结果比较。为突出结果普遍性，选取不同位置的方形区域的平均数值进行测量，利用偏振度来描述有无半波片调节时的成像结果。

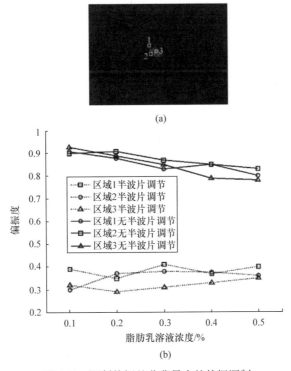

(a)

(b)

图 4.20　调制偏振差分背景光的偏振调制

进一步观察图 4.20(b)可发现，不同区域偏振度数值在不同散射情况下相差较小，其偏振特性基本相同。需要注意的是，经过与未经过半波片偏振调节的散射光偏振特性差异较大，前者的偏振度值明显低于后者。可以看出，经过半波片调制的后向散射光偏振度数值与未经过半波片调制的后向散射光偏振度数值相比，大约降低 41.67%。这是由于来自脂肪乳溶液的后向散射光保偏特性较强，很难利用传统的偏振成像方法对表面光滑的水下目标进行探测与识别。使用半波片对后向散射光的偏振方向进行调节可以使其偏振特性发生变化，与理论分析保持一致。

调制偏振差分无目标时的调制结果如图 4.21 所示。为了保证结果普遍性，图 4.21(a)与图 4.21(b)分别给出了低散射浓度(0.1%)与高散射浓度(0.5%)时光矢量方向调控偏振差分成像的结果。每组图表示利用光矢量方向调控偏振差分成像获取的图像，图中箭头所示位置的强度值随像素点的分布曲线。由图 4.21 可知，在不同散射程度下，与直接成像相比，利用光矢量方向调控偏振差分成像获得的图亮度均显著降低。在脂肪乳溶液浓度为 0.1%的低散射浑浊介质中，利用光矢量方向调控偏振差分成像获得的强度值相对于直接成像获得的强度值降低了约 50%；

在脂肪乳溶液浓度为 0.5%的高散射浑浊介质中,利用光矢量方向调控偏振差分成像获得的强度相对于直接成像获得的强度降低了大约42%。上述结果定量地表明,光矢量方向调控偏振差分成像通过对偏振光振动方向的调节,在一定程度上可以滤除后向散射光,减弱后向散射光的强度。

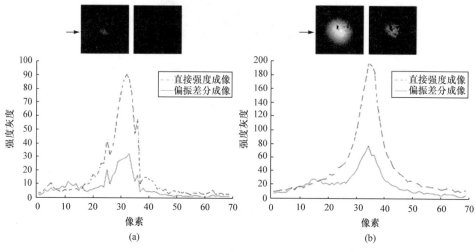

图 4.21　调制偏振差分无目标时的调制结果

　　在浑浊介质中放入目标物,继续验证光矢量方向调控偏振成像系统进行水下目标探测的可行性。调制偏振差分的水下目标探测结果如图 4.22 所示。选用的镜面反射型目标为从啤酒桶包装上裁剪下来的光滑铝片。根据前边的研究可知,该目标物对入射线偏振光具有良好的保偏特性。图 4.22(a)与图 4.22(b)分别为脂肪乳溶液浓度为 0.1%与 0.5%时利用光矢量方向调控偏振差分成像获得的目标图像。每组图包含直接成像与利用光矢量方向调控偏振差分后图像。由两组图像的对比可知,利用直接成像方法获得的图像中后向散射背景会形成图像中的较亮部分。该亮斑强度在利用光矢量方向调控偏振差分成像获得的图像中减弱了许多。观察每组图中下半部分所示的数值曲线(与图像中箭头相对应)可以看出,利用光矢量方向调控偏振差分成像可以获取更高的图像对比度。在较低散射浓度时,直接成像与光矢量方向调控偏振差分成像获得的图像中峰与谷的对比度分别为 0.41 与 0.59。在较高散射浓度下,直接成像与光矢量方向调控偏振差分成像获得的图像的对比度分别为 0.16 与 0.23。数据表明,直接成像与光矢量方向调控偏振差分成像的图像对比度均随着浑浊介质散射程度的增加而降低;在任何散射程度下,利用光矢量方向调控偏振差分成像得到的图像质量都要优于直接成像获得的图像质量。值得注意的是,利用光矢量方向调控偏振差分成像得到的图像强度较小,这是因为经过光矢量方向调控偏振差分成像滤除了背景后向散射光,使图像强度降低。如果采用专业的图像处理方法，可以使目标更加清晰地显示出来。但本章关注的重点是研究光矢量方向调控偏振差分成像方法的物理机制，以便为后续的图像处理方法提供强有力的物理支撑。

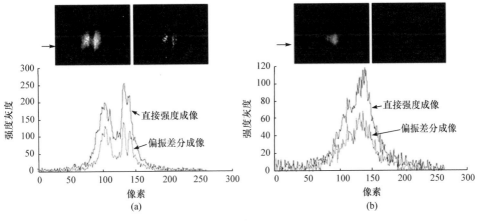

图 4.22 调制偏振差分的水下目标探测结果

4.4 本 章 小 结

本章详细地对偏振差分成像技术在水下物体探测与识别领域中的应用进行了理论分析与实验验证。首先，对有关偏振差分成像的文献进行了系统分析，并分析水下偏振差分探测的原理。对介质后向散射光和目标光的空间分布特性进行分析，通过对部分后向散射光的偏振方向进行调节，使之与另一部分未被调节的后向散射光偏振方向相正交，而目标光的偏振特性保持不变，从而通过偏振差分可以更加快速地将背景散射进行滤除，实现快速的偏振成像。尽管该方法能够节省探测时间，但其也存在不足之处。在利用该方法探测处在浑浊介质中的目标时，只能在后向散射 180° 的方向进行探测，并且要求目标的镜面法线方向与浑浊介质的液面不平行，所以在实际应用时具有一定的局限性。因此，需对光矢量方向调控偏振差分成像方法进行改进，以使其具有更广泛的应用范围。

第5章　距离选通偏振差分成像

本章分析偏振光在浑浊介质中传输的空间分布特性，表明利用偏振光进行浑浊介质中目标探测时获得的图像具有很好的均匀性。其次介绍距离选通偏振差分成像方法的原理，表明距离选通偏振差分成像方法既能体现偏振差分成像方法的优势，又能充分发挥距离选通成像方法的优势。最后通过实验对比距离选通偏振差分成像方法的效果，证明距离选通偏振差分成像方法能够识别伪装目标和提高成像质量。

浑浊介质中主动成像主要是以激光作为照明光源的成像方法。与浑浊介质中被动成像方法相比较，主动成像方法可以实现更远距离的探测，24小时全天候对目标进行探测。在利用主动光电成像系统探测浑浊介质中的目标时，探测器接收的光线主要由三部分组成：第一部分为入射光经浑浊介质中的散射体后向散射而到达探测器的光线，第二部分为入射光经目标反射后直接进入探测器的目标光，第三部分是携带目标信息的目标光经过浑浊介质中散射体的一系列前向散射而被探测器接收的目标前向散射光。主动探测过程信号组成如图5.1所示。

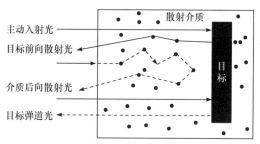

图 5.1　主动探测过程信号组成

第一部分后向散射光与目标光混合在一起，降低图像质量。第三部分目标前向散射光不能使光线进行理想成像，从而降低图像对比度。因此，通常将第一部分光线与第三部分光线统称为散射噪声光，第二部分光线为目标光。在对浑浊介质中图像复原与目标增强的过程中，往往忽略前向散射光对成像质量的影响。因此，在浑浊介质主动成像的模型中，通常认为探测器接收到的光线由介质后向散射光与目标光两部光线组成。若要得到浑浊介质中目标物的清晰图像，需要将介质后向散射光这部分噪声光进行滤除。

目前，提高浑浊介质中目标物成像质量的方法主要有图像处理方法与物理方法两大类。图像处理方法虽然可以在一定程度上强调目标物的信息，但会损失目标物的一些重要细节；物理方法可以形象直观地再现目标物的特征。距离选通成像方法作为目前进行浑浊介质中目标探测较为成熟的物理方法之一，主要利用入射光在浑浊介质中传输时的时间特性，根据介质后向散射光与目标光到达探测器的时间顺序不同，在时域将后向散射光与目标光进行区分。为了进一步提高距离选通成像方法的成像效果，将光的偏振信息引入距离选通成像方法中，可以形成距离选通偏振差分成像。

5.1　距离选通偏振差分成像简述

5.1.1　偏振光照明均匀性分析

传统的距离选通成像方法是通过获取光强信息对浑浊介质中的目标物进行成像。在对目标成像时，入射光需先经过浑浊介质才能照射到处在浑浊介质中的目标物。在此过程中，入射光经过浑浊介质的散射作用部分偏离原来的传输方向，使光能量在垂直于光传播方向上呈现中间能量密度高而周围能量密度低的喇叭状分布规律[180]。激光在散射介质中传输时的能量分布特性如图 5.2 所示。

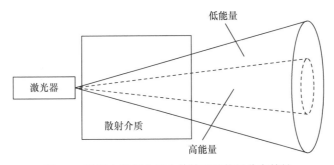

图 5.2　激光在散射介质中传输时的能量分布特性

该现象会导致在探测浑浊介质中的目标时出现非均匀照明现象。若目标物上具有相同反射率的两个不同位置，由于非均匀照明现象的存在，入射光照射到该两部分上的光能量的分布可能会不同，使强度成像时两部分显示出不同的亮度，导致误判。图 5.2 所示的结果表明，随着浑浊介质散射程度的增加，偏振光的退偏特性要弱于光强的衰减特性，因此在探测浑浊介质中的目标物时，偏振形式的入射光可能比光强形式的入射光提供更加均匀的照明光源。这开启了利用偏振光提供均匀照明的可行性研究。

在图 2.18 所示实验装置的基础上，将激光功率计换成 CCD 相机，以期更加直观地评估浑浊介质中目标物的照明情况。图 5.3 定量表明前向散射光的照明均匀性与浑浊介质浓度间的关系。脂肪乳溶液的浓度范围为 0.02%～0.14%，间隔为 0.02%。随着脂肪乳溶液浓度的增加，前向散射光的散射程度随之增强，导致图像亮度越来越低。实验结果表明，由于浑浊介质的散射作用，光强在 CCD 相机的像平面上呈现出不均匀分布趋势，光强分布曲线近似于高斯分布。入射光经浑浊介质散射后到达目标物上的光强分布不再均匀，会降低浑浊介质中目标物的探测与识别效果。

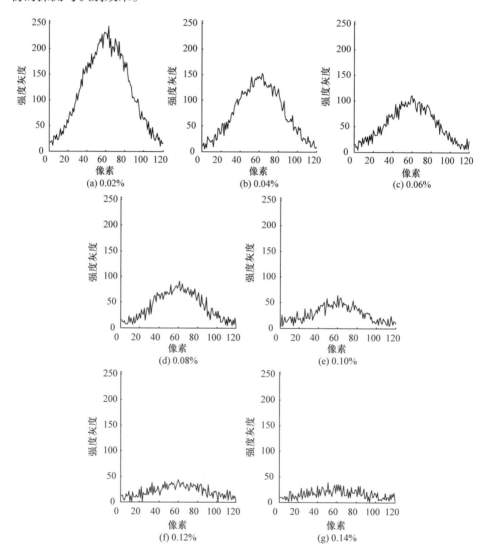

图 5.3 不同脂肪乳浓度下前向散射光的能量分布

当目标物上某两处的反射率相同时，由散射现象导致的入射光不均匀照明使到达这两处的光强不同，因此在目标物的探测与识别过程中会将这两处误认为两个不同的物体。

根据偏振光在浑浊介质中传播时强度与偏振特性的衰减规律不同，利用偏振光来实现对处在浑浊介质中目标物的均匀照明。基于浑浊介质中前向散射光的退偏特性研究，可以利用偏振度参数描述前向散射光的偏振特性分布规律。不同脂肪乳浓度下前向散射光的偏振度分布如图 5.4 所示。为了与光强的分布曲线进行对比分析，取值区域与图 5.3 的取值区域相同。

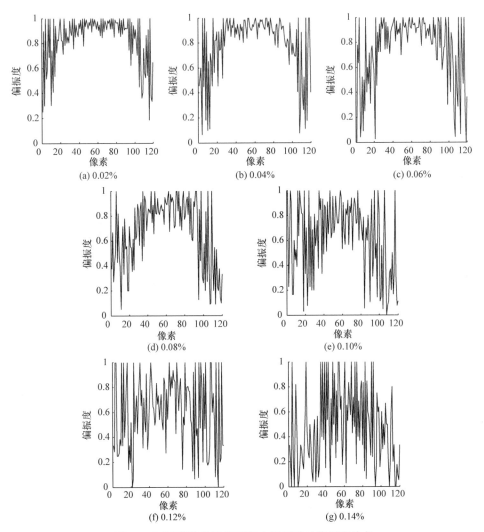

图 5.4 不同脂肪乳浓度下前向散射光的偏振度分布

在浑浊介质的散射程度较弱时，前向偏振光的保偏特性较强，随着脂肪乳溶液浓度的增加，浑浊介质的散射程度增强，前向散射光的偏振度越来越小，即前向散射光的保偏特性变得较弱。需要特别注意的是，在浑浊介质散射程度较低时，各个像素间的偏振度数值相差较小。例如，在浓度为 0.02%脂肪乳溶液中，前向散射光的偏振度的数值主要分布在 0.8～1.0 之间；在浓度为 0.04%脂肪乳溶液中，偏振度的数值主要分布在 0.63～1.0 之间；在浓度为 0.14%脂肪乳溶液中，偏振度的数值主要分布在 0.3～1.0 之间。对比图 5.3 与图 5.4 可知，前向散射光在脂肪乳溶液中传输时，其偏振特性的衰减弱于其光强特性的衰减；偏振光在浑浊介质中传输时，其衰减区域主要集中在光束中心附近的位置。

图 5.5 进一步比较了前向散射光的归一化光强分布与偏振特性分布。为便于比较，将光强度值与偏振度的分布均进行归一化处理。此处的归一化处理方法是将各个像素中的数值除以所有像素点的最大值。可以观察到，脂肪乳溶液对光的散射作用使强度值曲线呈现中间高两边低的特点。随着浑浊介质散射程度的增加，数值曲线趋向于平滑，这是更多漫散射光进入探测器所致的。比较前向散射光的强度值与偏振度分布曲线可知，偏振度分布曲线的平滑度要优于强度值的分布曲线，且随着散射程度的增加，两曲线平滑度间的差异逐渐减小，这是由漫散射过程导致散射光的退偏能力增加。

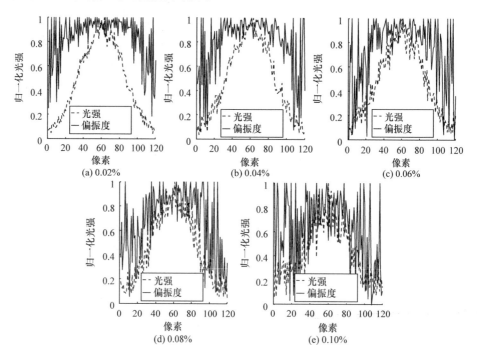

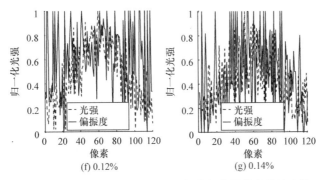

图 5.5　前向散射光的归一化光强与偏振能量分布特性比较

为定量地描述该实验现象，我们利用均方差表征前向散射光的光强和偏振度的均匀分布程度。表 5.1 给出了与图 5.5 对应的光强与偏振度分布在不同浓度脂肪乳溶液中的均方差。观察表 5.1 可知，光强分布曲线与偏振度分布曲线的均方差变化趋势相反。随着脂肪乳溶液浓度的增加，前向散射光的强度值的均方差逐渐减小，而偏振度分布的均方差逐渐增加。实验结果表明，当脂肪乳溶液的浓度在 0.02%～0.12% 之间时，光强分布的均方差大于偏振度分布的均方差，即相比于偏振度分布的均匀性，光强分布的均匀性较差；当脂肪乳溶液的浓度为 0.14% 时，光强分布曲线的均方差小于偏振度分布曲线的均方差。此时，相比于偏振度分布的均匀性，光强分布的均匀性较好。当浑浊介质的散射能力相对较弱时，与光强相比，偏振光可以提供更均匀的照明光源；反之，当浑浊介质的散射程度相对较强时，与偏振光相比，光强可以提供更均匀的照明光源。

表 5.1　前向散射光强度与偏振度分布曲线均方差比较

参数	脂肪乳溶液浓度						
	0.02%	0.04%	0.06%	0.08%	0.10%	0.12%	0.14%
光强均方差	0.2994	0.2947	0.2794	0.2799	0.2454	0.2303	0.2237
偏振均方差	0.1853	0.1927	0.1983	0.2016	0.2099	0.2173	0.2281

图 5.6 给出了脂肪乳溶液浓度为 0.1% 的条件下，前向散射光的强度与偏振度的伪彩色图分布。可以看出，光强的分布图像不均匀，图像中心到周围由红色变为浅蓝色，呈现中间强度高，周围低的特征，数值的分布范围由 1 变到 0.11，变化区间为 0.89；偏振度的分布图像显得比较均匀，伪彩色图整体表现为红色，数值的分布范围由 1 变到 0.86，变化区间为 0.14，远小于光强分布的数值变化范围。该结果进一步说明，在利用距离选通成像方法探测处在浑浊介质中目标物时，相对于光强信息，偏振度信息能够为浑浊介质中的目标物提供更加均匀的照明光源。

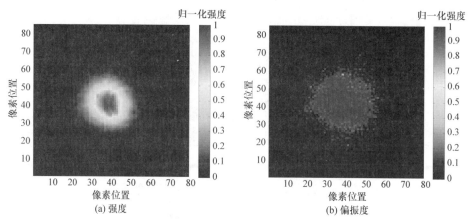

图 5.6　前向散射光的强度与偏振视觉伪彩色图

5.1.2　距离选通成像技术原理

受文献[181]中方法的启发，可以向脂肪乳溶液中加入不同吸收系数的印度墨水来区分不同时域对应的散射光，利用连续激光来实现距离选通成像方法。该方法的前提是浑浊介质对光的散射与吸收作用是两个相互独立过程，并且二者互不影响。具体的原理可以描述如下，当光在散射介质中传输时，不同的光子会经历不同的散射过程。一般来说，根据光子经历的散射次数不同，可以将在浑浊介质中传输的光子分为弹道光、蛇形光与漫射光[90]，如图 5.7 所示。

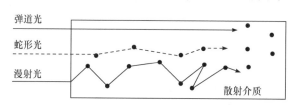

图 5.7　光在浑浊介质中传输时的分类

弹道光是没有经过浑浊介质中粒子散射作用的光线，其在浑浊介质中的传输方向未发生改变。蛇形光是在浑浊介质中经历了较少次数散射的光线，其传输方向发生轻微的变化。漫射光是在浑浊节中经历了较严重的散射过程，其传输方向没有规律。细分之下，同种散射类型的光子所发生的次数也不尽相同，即

$$I = \sum_{i=1}^{\infty} a_i I_i \tag{5-1}$$

其中，I 为总光强；i 为光子所发生的散射次数；a_i 为 i 次散射光子的权重；I_i 为 i 次散射单个光子的能量。

由式(5-1)可以得出总光强为发生各种散射过程的光子强度的总和。

当在脂肪乳溶液中加入吸收系数较小的印度墨水时，散射次数较多的光子会

被优先吸收；当吸收系数逐渐增加时，散射次数较少的光子再次被吸收。因此，通过将两个相邻的吸收系数对应的光强作差，便可将特定散射过程的光子提取出来。例如，在吸收系数较小的情况下，被吸收的只有漫射光，剩余弹道光与蛇形光，称为第一种情形；当吸收系数增加时，被吸收的会有漫射光与蛇形光，剩余弹道光，称为第二种情形；进一步增加吸收系数时，被吸收的散射光子类型有漫射光、蛇形光与弹道光，称为第三种情形。将第一种与第二种吸收情形所对应的光强相减，可以提取蛇形光，第一种与第三种情形所对应的光强相减，可以将漫射光提出取来，单独利用第二种情形可以将弹道光提出取来。因此，通过在脂肪乳溶液中加入不同吸收系数的印度墨水，经过进一步的算法处理，便可以使用连续激光代替脉冲激光实现距离选通成像方法。

激光距离选通水下成像模拟装置如图 5.8 所示。采用的光源为 632.8 nm 连续氦氖激光，其经过扩束器后光斑直径扩展到 16 mm。起偏器与 1/4 波片的组合用来改变氦氖激光器发出的入射光偏振态为线偏振光或圆偏振光。检偏器与 1/4 波片的组合用来探测后向散射光中的线偏振或圆偏振成分。实验使用的目标物为 9 mm ×14 mm 的光盘，光盘表面粘贴有两块尺寸为 1 mm×1 mm 的铝条。铝条表面光滑，对入射偏振光具有保偏作用。光盘表面粗糙，与入射光的相互作用以多次散射为主，使散射光的偏振方向杂乱无章，导致散射光退偏。目标物不同部位对入射偏振光的保偏与退偏作用使目标物不同部位反射的光线分别表现为较高和较低的偏振度。进行实验时，光源与探测器放置得较近，保证 CCD 相机能够探测到经过目标物反射的光线。实验中 CCD 相机与光源之间的夹角约为 8°。

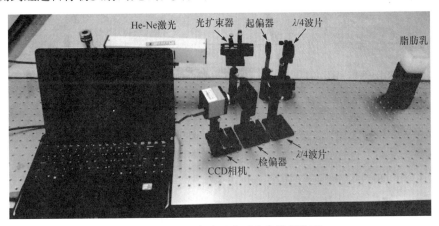

图 5.8　激光距离选通水下成像模拟装置

根据第 4 章的研究结果可知，散射光中的线偏振成分主要集中在与入射线偏振光偏振方向平行的方向，因此在采集图像时，放置在 CCD 相机前的检偏器有两个取向，即与入射偏振光振动方向平行，以及与入射偏振光振动方向正交。平

行方向与正交方向的光场在光学理论中是不相干的，因此成像的强度信息可以由平行方向与正交方向的光场相加得到，即

$$I(x, y) = I_{co}(x, y) + I_{cross}(x, y) \tag{5-2}$$

其中，$I_{co}(x, y)$为与入射光偏振方向相互平行的光强；$I_{cross}(x, y)$为与入射光偏振方向相互正交的光强；(x, y)为偏振图像中像素的坐标位置。

通过实验对利用连续激光实现浑浊介质中距离选通成像方法的可靠性进行验证，并与强度成像获得的成像效果进行比较，结果如图 5.9 所示。图 5.9(a)与图 5.9(b)分别表示不同浓度脂肪乳溶液中强度成像与距离选通成像的效果。脂肪乳溶液的浓度取值范围为 0.1%～0.4%，变化间隔为 0.1%。随着脂肪乳溶液浓度的增加，浑浊介质对光的散射程度也在不断增加，利用两种成像方法获得的图像质量均逐渐降低，但利用距离选通成像方法获得的图像质量要明显优于强度成像获得的图像质量。

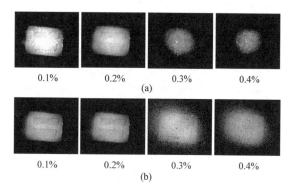

图 5.9　不同浓度脂肪乳溶液中强度成像与距离选通成像的比较

采用简化的 McGlamery 浑浊介质成像模型[2]对以上结果进行定性解释，在忽略前向散射情况下，CCD 相机获得的图像由两部分组成：一部分入射光直接到达物体，经过物体的反射或散射作用后进入 CCD 相机；另一部分入射光在到达浑浊介质中目标物之前，经过浑浊介质中散射体的后向散射作用进入 CCD 相机。前一部分光称为目标光。后一部分光不包含浑浊介质目标物的信息，但会与目标光叠加在一起降低探测信噪比。

根据 Beer-Lambert 定律，即

$$I = I_0 e^{-\mu_t x} \tag{5-3}$$

其中，I_0为入射光强；I为散射光强；μ_t为介质衰减系数；x为介质厚度。

由此可知，随着浑浊介质散射程度的增加，到达目标物的光能量逐渐降低，并且由浑浊介质中散射体散射产生的后向散射光逐渐增加。强度成像获得的图像

由目标光与介质后向散射光两部分组成，而距离选通成像方法能够将由介质产生的后向散射光滤除，因此距离选通成像方法获得的图像质量要优于强度成像所获得的图像质量。

为进一步验证利用连续激光模拟浑浊介质中距离选通成像方法的可靠性，图 5.10 给出了浑浊介质中距离选通成像方法中目标光与后向散射光的时域分离结果。选取的测量区域为图 5.10(a) 中的方框部分。图 5.10(a) 与图 5.10(b) 分别对应脂肪乳溶液浓度为 0.2% 与 0.3% 时目标光和后向散射光的分布情况。结果与以前的距离选通实验结果相符[182]，在时域上出现两个峰，第一个峰代表后向散射光，第二个峰代表目标光。可以观察到，当浑浊介质散射程度较低(0.2%)时，后向散射光强明显小于目标光强；当浑浊介质散射程度较高(0.3%)时，后向散射光强大于目标光强。这是由于随着散射程度的增加，光衰减比较明显，且后向散射背景也随之增加。这也很好地解释了在浑浊介质散射程度较高的情况下利用强度成像方法获得的图像质量较差。

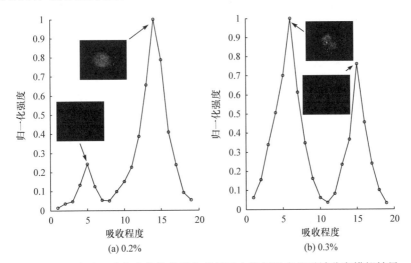

图 5.10　距离选通成像中物体信号与背景后向散射噪声的时域分离模拟结果

进一步，我们计算了与图 5.10 对应的不同浓度脂肪乳溶液中目标光与噪声光的值，以及信噪比的大小，数值处理方法为半宽峰值范围内的强度平均值。水下成像中信号光与噪声光比较分析如表 5.2 所示。

由表 5.2 中的数据可以定量地看出，当脂肪乳溶液浓度(0.1%)较低时，信号光的强度较大；当脂肪乳溶液浓度较大(0.3%)时，目标光衰减较快。同时也可以得到，在脂肪乳溶液浓度分别为 0.3% 与 0.4% 时，信号光的强度变化范围不大。在散射程度较强(0.3% 与 0.4%)时，虽然各个信噪比相差不大且数值相对较高，但是

表 5.2　　水下成像中信号光与噪声光比较分析

脂肪乳溶液浓度/%	信号光	噪声光	信噪比
0.1	216	X	X
0.2	187	108	1.73
0.3	86	97	0.89
0.4	72	116	0.62

由图 5.10 可以看出脂肪乳溶液浓度越高，图像的质量较差。这是由于较强的散射作用导致有用信号的衰减较快。根据几何光学中的成像理论，物和像之间是共轭关系。然而，物像共轭的前提是在真空的理想条件下，此时由物体发出的所有光线在到达成像透镜前没有发生任何折射，最后会聚在成像透镜的像平面上。当用 CCD 相机对处在浑浊介质中的目标物进行成像时，浑浊介质的散射作用使进入成像透镜的光线不能会聚于一点进行理想成像，从而造成像模糊。浑浊介质对光的散射作用越强，图像质量越差。这就是表 5.2 中脂肪乳溶液浓度较高时，其信噪比高而图像质量差的原因。表 5.2 中的 X 是 CCD 过饱和导致读数不准确，因此未记录该数值。

5.1.3　距离选通偏振差分成像方法

在利用连续激光实现距离选通成像方法可靠性的基础上，开展利用偏振光实现对处在浑浊介质中目标物的探测与识别时均匀照明的研究，分别利用自然光和线偏振光入射时进行距离选通成像时的成像结果，如图 5.10 所示。图 5.11(a)与图 5.11(b)分别给出了脂肪乳溶液浓度为 0.1%时，传统的距离选通成像方法与基于偏振的距离选通成像方法得到的浑浊介质中目标物的图像。可以观察到，两种图像中的光盘与铝条区域的亮度分布不同。为了衡量两种成像方法得到的成像结果，需在相同条件下进行比较，统一选择光盘区域为研究对象，如图 5.11 所示的方形区域。在利用传统的距离选通成像方法得到的图像中，图像中心的强度明显高于周围的强度，如图 5.11(a)中区域 1 与区域 2 所示。在偏振光入射时距离选通成像方法得到的图像中，像素强度分布要更加均匀。

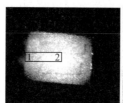

　　　　　　(a) 强度成像　　　　　　　　　　(b) 偏振成像

图 5.11　0.1%脂肪乳溶液浓度下传统的距离选通成像与基于偏振光入射时距离选通成像的比较

为进一步系统地研究利用偏振信息提高成像质量的效果，我们比较了传统的距离选通成像和基于偏振的距离选通成像在不同浓度的脂肪乳溶液的成像质量。水下传统距离选通成像与基于偏振的距离选通成像的比较如图 5.12 所示。

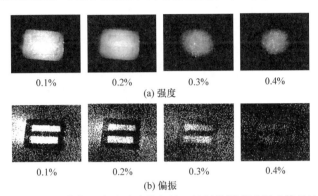

图 5.12　水下传统距离选通成像与基于偏振的距离选通成像的比较

可以观察到，随着散射程度的增加，两种方法获得的图像对比度均会降低。这在物理上可以解释为浑浊介质对光的散射作用不仅使光束不能进行理想成像，还使后向散射光的能量增加，导致到达物体的光强减小，成像光束衰减的程度较强。在任何散射情况下，基于偏振的距离选通方法获得的图像质量都要优于直接成像的效果，两者获得的图像强度分布不均匀。这是由于光的散射作用使在散射介质中的传输光束呈现能量密度中间高周围低的喇叭状分布，因此造成水下目标的不均匀照明。偏振光在散射介质中传输时，退偏的衰减能力要小于光强的衰减，因此相对于传统的距离选通成像，基于偏振的距离选通成像利用偏振光作为入射光可以为浑浊介质中的目标物提供更加均匀的照明光源。

为使实验结果具有说服力，我们定量地计算了两类方法获得的图像中同一个位置(方形区域)处像素强度值的分布趋势。这里用标准差参数描述强度值的离散程度。标准差的计算方法为

$$\sigma = \sqrt{\frac{1}{m \times n} \sum_{i=1}^{m} \sum_{j=1}^{n} [I(i,j) - \mu]^2} \tag{5-4}$$

其中，σ 为图像数值强度标准差；μ 为图像数值强度平均值；m 和 n 为图像中像素的数目；$I(i,j)$ 为图像坐标位置(i,j)处的数值强度。

图 5.13 给出了不同成像的水下图像标准差。其中，RGI 表示距离选通成像；p-RGI 表示基于偏振的距离选通成像。

可以观察到，两者的离散程度均随散射程度的增加而减小，但是后者的标准差数值要大于前者。这也落实了在不同的散射程度下，与强度照明相比较，偏振形式的照明可以提供更加均匀的成像背景。通过图 5.13 我们还可以发现，偏振成

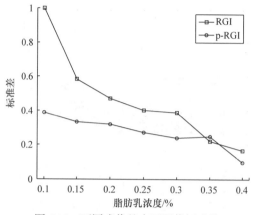

图 5.13　不同成像的水下图像标准差

像可以使表面光滑的铝片在光盘上显现出来，因此通过偏振信息的辅助作用可以对水下目标进行分类识别。这是材料表面的偏振特性不同所造成的。

5.2　基于距离选通偏振差分成像的伪装目标的探测与识别

距离选通成像方法记录的是光强信息。当目标物与周围背景的反射率相同时，CCD 相机像平面上的目标物与周围背景具有相同的灰度值分布，不能分辨出目标物体，导致依据光强特征的距离选通成像方法很难探测与识别处在浑浊介质中的伪装目标物。根据目标物与周围背景在偏振特性上的差异，我们提出基于偏振信息的距离选通成像方法。

为了验证基于偏振信息的距离选通成像方法的成像效果，可以利用偏振光在散射介质中的传输特性进行浑浊介质中伪装目标物的探测与识别。当线偏振光在浑浊介质中传输时，其保偏特性较强，前向散射光的偏振度仍然较大，所以当使用线偏振光作为照明光源时，表面光滑的目标对偏振光的退偏能力大于周围背景对偏振光的退偏能力[183, 184]。因此，通过偏振信息可以将目标物与具有相同反射率的背景区分开来。

实验采用偏振差分成像方法对偏振信息进行处理，因此可以将基于偏振的距离选通成像方法称为距离选通偏振差分成像方法。需要强调的是，此处采用的偏振差分成像方法与文献[115]中报道的方法不同，前者主要集中在散射介质中的物体与周围背景的区别，后者则是将散射背景信息与物体信息进行分离。为区分两种偏振差分成像方法，首先介绍文献[115]中的偏振差分成像方法的原理。

偏振差分成像方法的定义为

$$I_{pd}(x,y) = I_{//}(x,y) - I_{\perp}(x,y) \tag{5-5}$$

其中，// 与 ⊥ 为分别表示检偏器的两相互正交方向；(x, y)为图像中的像素位置。

根据偏振光学理论，部分偏振光可以分解为自然光与完全偏振光，完全偏振光又可以进一步细分为线偏振光与圆偏振光[185]。光学偏振差分原理如图 5.14 所示。

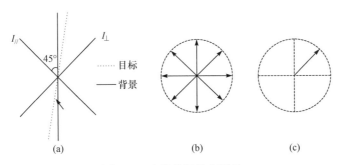

图 5.14　光学偏振差分原理

图 5.14(a)所示为对线偏振光的处理。假设水平方向为 0°，令背景光(B)中的偏振方向处在竖直方向(90°)上。利用式(5-5)对背景光进行滤除。检偏器的最大透光方向分别在 45° 与 135° 方向，则由马吕斯定律可得背景光在 45° 与 135° 方向上的光强分别为

$$I_{//}(B) = I(B)\cos^2 45° = I(B) / 2 \tag{5-6}$$

$$I_\perp(B) = I(B)\sin^2 45° = I(B) / 2 \tag{5-7}$$

其中，$I_{//}(B)$ 与 $I_\perp(B)$ 为背景光在 45° 与 135° 方向上的光强分量；$I(B)$ 为背景光的总强度。

经过偏振差分成像方法处理，背景光的强度为

$$I_{\mathrm{pd}}(B) = I_{//}(B) - I_\perp(B) = 0 \tag{5-8}$$

表明在偏振差分成像过程中，背景光被有效抑制。

目标(T)光在 45° 与 135° 方向的偏振光强分别为

$$I_{//}(T) = I(T)\cos^2(45°+\theta) = I(T)[\frac{1+\cos 2(45°+\theta)}{2}] = \frac{I(T)}{2}(1-\sin 2\theta) \tag{5-9}$$

$$I_\perp(T) = I(T)\cos^2(45°-\theta) = I(T)[\frac{1-\cos 2(45°+\theta)}{2}] = \frac{I(T)}{2}(1+\sin 2\theta) \tag{5-10}$$

其中，$I_{//}(T)$ 与 $I_\perp(T)$ 为目标光在 45° 与 135° 方向上的光强分量；$I(T)$ 为目标光的总强度。

经过偏振差分方法处理后，目标光的强度为

$$I_{pd}(T) = I_{//}(T) - I_{\perp}(T) = I(T)\sin 2\theta \tag{5-11}$$

表明在偏振差分成像过程中，目标物的信息得以有效保留。

图 5.14(b)与图 5.14(c)表示自然光与圆偏振光的情况。自然光在任意两个正交偏振方向的光强相等，因此自然光在偏振差分成像过程中被抑制。圆偏振光的偏振方向是随着时间变化的，当利用检偏器采集光信息时，理论上得到的光强是随时间变化的，但是探测器在采集光信息时需要一定的曝光时间，使当对圆偏振光进行线偏振滤波时，任意正交偏振方向上得到的光强分量相等，因此利用偏振差分成像方法处理的结果依然是抑制圆偏振光。

通过上述分析可知，偏振差分成像方法的效果依赖光的线偏振信息，与光的非偏振成分，以及圆偏振成分无关。因此，文献[115]中的偏振差分成像原理为基于目标光与背景光的振动方向差异。利用偏振差分方法获得的光信息中，背景的强度为零，而目标光的强度与目标光和背景光间的夹角 θ 相关。由式(5-11)可知，θ 越大，目标光与背景光之间的偏振差异越大，探测的效果越好。严格地讲，偏振差分成像可以有效地抑制背景光，但是在对处在浑浊介质中目标物探测时，背景光的偏振方向事先无法确定，造成偏振差分成像时有一定的困难，因此实际应用时需要使检偏器处在一系列正交方向上进行测量，从而获取最优的探测效果。

接下来，对基于光退偏特性的偏振差分成像方法进行分析，其定义为

$$I_{pd}(x,y) = I_{//}(x,y) - I_{\perp}(x,y) \tag{5-12}$$

其中，$I_{//}(x,y)$ 与 $I_{\perp}(x,y)$ 为检偏器方向与入射光偏振方向相互平行时的偏振图像强度，检偏器方向与入射光偏振方向相互正交时的偏振图像强度；(x,y) 为偏振图像中像素的坐标位置。

当线偏振光在散射介质中传输时，前向散射光中线偏振成分向圆偏振成分转化的比例较低，因此只考虑散射光中的线偏振成分即可。在采集线偏振成分时，只考虑散射光与入射光偏振方向相互平行和正交方向上的分量，忽略偏振方向与入射光偏振方向成 45°，以及 135° 夹角的散射光偏振分量。通常情况下，偏振光与目标物相互作用时，Stokes 矢量元素间的耦合效应并不明显。需要说明的是，通过调研国内外相关文献，在主动偏振成像方法中，通常利用式(5-13)计算偏振光的偏振度，即

$$\text{DoP} = \frac{I_{//} - I_{\perp}}{I_{//} + I_{\perp}} \tag{5-13}$$

如果物体对入射偏振光具有保偏振作用，则经过物体散射的光的偏振度数值较大；反之，背景对入射偏振光具有退偏振作用，则经过物体散射的光的偏振度数值较小。根据物体对光的退偏特性，以及偏振度的定义，利用偏振差分成像方

法将散射光中与入射线偏振光平行，以及正交的成分相减，虽然不能将背景滤除，但是可以充分提高物体与背景的信噪比。这是由于目标对前向散射光是保偏振的，因此通过偏振差分成像操作后其信息仍然保留。因为背景对于前向散射光是退偏的，来自背景散射光中的非偏振部分在任何两个正交方向的分量是相等的，通过偏振差分成像方法可以将非偏振部分滤除。偏振差分成像的结果是目标信号得以保留，而背景噪声的强度降低，使目标与背景之间的对比度增强。因此，偏振差分成像方法的作用可以看作是一个共模抑制放大器。需要强调的是，共模抑制是电子学中的概念。此处将共模抑制引入光场信息处理，以消除背景散射光增加图像对比度，其具体原理如下。

由式(5-13)可以得到，目标光与背景光的偏振度表达式依次为

$$\mathrm{DoP}(T) = \frac{I_{//}(T) - I_{\perp}(T)}{I_{//}(T) + I_{\perp}(T)} \tag{5-14}$$

$$\mathrm{DoP}(B) = \frac{I_{//}(B) - I_{\perp}(B)}{I_{//}(B) + I_{\perp}(B)} \tag{5-15}$$

其中，T 为浑浊介质中的目标；B 为周围背景。

与入射光偏振方向相互平行和正交方向上的偏振分量是不相关的，根据偏振光学的理论可知目标光与背景光的强度等于目标光和背景光在与入射光偏振方向相互平行和正交方向上偏振分量的非相干叠加，即

$$I(T) = I_{//}(T) + I_{\perp}(T) \tag{5-16}$$

$$I(B) = I_{//}(B) + I_{\perp}(B) \tag{5-17}$$

由式(5-14)式(5-15)，可得

$$I_{//}(T) - I_{\perp}(T) = \mathrm{DoP}(T)[I_{//}(T) + I_{\perp}(T)] \tag{5-18}$$

$$I_{//}(B) - I_{\perp}(B) = \mathrm{DoP}(B)[I_{//}(B) + I_{\perp}(B)] \tag{5-19}$$

利用式(5-20)计算浑浊介质中目标与周围背景的对比度 C。

$$C = \frac{I(T) - I(B)}{I(T) + I(B)} \tag{5-20}$$

当无法利用光强信息区分目标与背景时，目标光强和背景光强几乎相等，即

$$I(T) \approx I(B) \tag{5-21}$$

因此，目标与周围背景间的对比度为

$$C(I) = 0 \tag{5-22}$$

利用偏振差分成像方法得到的目标与周围背景对比度为

$$C(\mathrm{PDI}) = \frac{[I_{/\!/}(T) - I_{\perp}(T)] - [I_{/\!/}(B) - I_{\perp}(B)]}{[I_{/\!/}(T) - I_{\perp}(T)] + [I_{/\!/}(B) - I_{\perp}(B)]}$$

$$= \frac{\mathrm{DoP}(T)[I_{/\!/}(T) + I_{\perp}(T)] - \mathrm{DoP}(B)[I_{/\!/}(B) + I_{\perp}(B)]}{\mathrm{DoP}(T)[I_{/\!/}(T) + I_{\perp}(T)] + \mathrm{DoP}(B)[I_{/\!/}(B) + I_{\perp}(B)]} \quad (5\text{-}23)$$

$$= \frac{\mathrm{DoP}(T)I(T) - \mathrm{DoP}(B)I(B)}{\mathrm{DoP}(T)I(T) + \mathrm{DoP}(B)I(B)}$$

由式(5-21)，式(5-23)可简化为

$$C(\mathrm{PDI}) = \frac{\mathrm{DoP}(T) - \mathrm{DoP}(B)}{\mathrm{DoP}(T) + \mathrm{DoP}(B)} \quad (5\text{-}24)$$

由式(5-24)可知，当目标与背景具有相同的反射率时，偏振差分成像方法得到的目标与背景之间的对比度，实际上就是目标与背景偏振度之间的对比度。

在上述分析的基础上，我们进行了距离选通偏振差分成像实验。实验装置与图5.8所示的实验装置相同。图5.15给出了脂肪乳溶液浓度为0.2%时的实验结果。

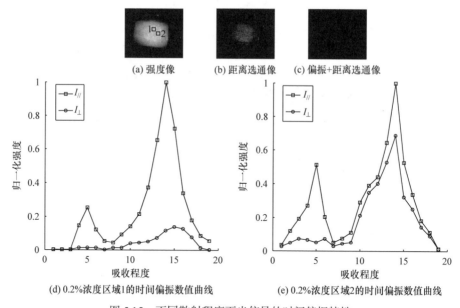

(a) 强度像　(b) 距离选通像　(c) 偏振+距离选通像

(d) 0.2%浓度区域1的时间偏振数值曲线　(e) 0.2%浓度区域2的时间偏振数值曲线

图5.15　不同散射程度下光信号的时间偏振特性

图5.15(a)、图5.15(b)与图5.15(c)分别表示利用强度成像、距离选通成像与距离选通偏振差分成像方法获得的图像。图5.15(d)与图5.15(e)分别为与图5.15(a)中区域1与区域2处相对应的关于时间的退偏信息，两个区域分别代表具有相同反射率的铝条与光盘。可以看出，在两区域中，与入射光偏振方向平行和正交的偏振分量随时间变化的分布情况是不同的。图5.15(d)与图5.15(e)中的第一个波峰

表示后向散射背景光，第二个波峰表示目标光。可以看到，后向散射光的偏振分量主要集中在与入射偏振光振动方向平行方向的部分，在与入射偏振光振动方向正交方向的分量很小，表明后向散射光是保偏的；在由目标铝条反射的光线中，目标光与入射光偏振方向相平行方向上的分量占主要成分；在由背景光盘反射的光线中，与入射光偏振方向相平行，以及正交方向上的两部分偏振分量基本相等。由式(5-18)与式(5-19)可知，经过偏振差分成像方法处理之后，目标信息被保留下来，而背景光通过共模抑制的方式被滤除，从而使目标物能在具有相同反射率的背景中突显出来。

　　不同水下成像方法的比较如图 5.16 所示。对比图 5.16(a)与图 5.16(b)可知，由于介质后向散射光被滤除，利用距离选通成像方法获得的图像质量要优于利用强度成像获得的图像质量，由于光盘与铝条具有相似的反射率，利用距离选通成像方法很难将光盘与铝条分辨开来；利用距离选通偏振差分成像方法，可以将铝条从具有相同反射率的光盘中凸显出来。这是由于经过偏振差分成像处理后，目标光得以保留，而背景光由于偏振特性使其自身被滤除，进而使目标光的强度值大于背景光的强度值，因此可以将反射率相同的目标与背景区分开来。

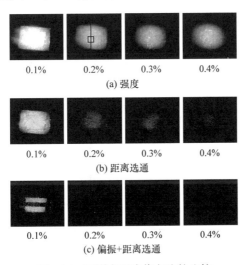

图 5.16　不同水下成像方法的比较

　　实验给出了脂肪乳溶液浓度为 0.1%～0.4%时的成像结果。观察可知，脂肪乳溶液的浑浊程度较小时，可以较明显地观测到脂肪乳溶液中的铝条，但随着脂肪乳溶液浑浊程度的增加，铝条的亮度越来越暗。从散射机制上可以解释为，当溶液散射程度较高时，更多的光子与浑浊介质中的微粒发生相互作用，使大部分入射光偏离原来的传输方向，导致照射到目标物上的光子数减少，相应地 CCD 相机探测到的目标物的强度就会减弱。当浑浊介质中的目标物被照明后，目标物表面反射的光在到达 CCD 相机的过程中，需要再次经过浑浊介质的散射作用。该散射过程会进一步减弱进入 CCD 相机的光强。

不同散射程度距离选通成像与基于偏振的距离选通成像的数值曲线比较如图 5.17 所示，其中 RGI 为距离选通图像，p-RGI 为基于偏振的距离选通成像。图中曲线清晰地表明，距离选通偏振差分成像方法对应的数值曲线中有两个明显的峰。这两个峰表征的正是铝条的信息，而距离选通成像法的图像中强度值分布曲线中的两个峰几乎显现不出来。该结果进一步验证了当目标物与周围背景具有相同的反射率时，仅利用光强信息很难将目标物与背景区分开来，而利用散射光的偏振信息则可以将目标轻松地识别出来。

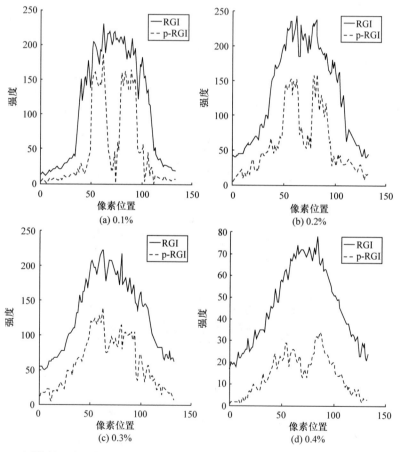

图 5.17　不同散射程度距离选通成像与基于偏振的距离选通成像的数值曲线比较(RGI 为距离选通图像；p-RGI 为基于偏振的距离选通成像)

同时，随着脂肪乳溶液浓度的增加，利用距离选通成像方法和距离选通偏振差分成像方法获得的强度值分布曲线均呈下降趋势，且利用距离选通偏振差分成像方法获得的数值分布曲线中峰与谷间的强度差值越来越小，即铝条与周围光盘背景间的强度差值不断减小。这是因为随着浑浊介质散射程度的增加，介质对目标光的散射作用增强，使目标光的偏振度降低，偏振差分成像在滤除介质散射光的同时也将目标光滤除，目标光的强度值不断降低，和背景光的差异变小。

进一步观察图 5.17 可以发现，在任何散射浓度下，距离选通成像方法无法将铝条区分开来。

基于偏振的距离选通成像中物体与背景的退偏特性如图 5.18 所示。结合式 (5-24)，可以利用偏振度来衡量目标物和背景的退偏特性。在衡量该退偏特性时一并考虑介质的散射作用对退偏性能的影响。在实际应用距离选通成像方法探测浑浊介质中的目标时，介质对目标和背景偏振特性的影响是无法避免的。可以观察到，在不同浓度的脂肪乳溶液中，目标物的保偏振特性优于背景的保偏振特性。当脂肪乳溶液的浓度由 0.1% 变为 0.4% 时，目标物使入射偏振光的偏振度数值由 0.79 降至 0.31，而背景使入射偏振光的偏振度由 0.42 降至 0.26，并且在各种浓度的脂肪乳溶液中，目标物对应的光线的偏振度总是高于背景对应的光线偏振度。在脂肪乳溶液浓度较高时，即脂肪乳溶液的散射程度较高时，目标物对应光线的偏振度与背景对应光线的偏振度间的差异降低，这充分证明了偏振探测的优势。

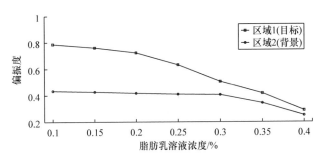

图 5.18　基于偏振的距离选通成像中物体与背景的退偏特性

根据图 5.18 所示的数据，利用式 (5-24) 计算得到峰与谷间的对比度，以此来定量分析目标物与周围背景间的差异。不同散射程度水下物体与周围背景的对比度如表 5.3 所示。

表 5.3　不同散射程度水下物体与周围背景的对比度

散射程度/%	0.10	0.15	0.20	0.25	0.30	0.35	0.40
对比度	0.71	0.57	0.46	0.33	0.25	0.21	0.19

可以看出，随着溶液散射程度的增加，图像对比度呈逐渐减小的趋势，表明图像质量在不断地降低。这是由于随着溶液散射程度的增加，散射介质对偏振光的退偏能力逐渐增强，因此散射光的保偏振特性降低，导致目标物与背景间的偏振差异变小，图像对比度降低。因此，尽管目标物和周围背景间的反射率相同，但借助目标物与周围背景间偏振特性的差异可将二者有效区分，从而达到目标物探测与识别的目的。

5.3　基于距离选通偏振差分成像提高目标成像质量

利用距离选通成像方法探测浑浊介质中的目标时能够在时域上将后向散射光与目标光进行分离，从而较好地凸显目标物的信息，获得高质量的目标图像。当介质的浑浊程度较高时，介质对光的散射作用较大，因此漫散射光在介质中的传输路程会增加，导致后向散射光中部分漫射光与目标光在相同时域内叠加，此时利用距离选通成像方法无法通过尾门技术将目标光中的介质漫射光滤除，从而影响该距离选通成像方法进行水下目标探测的性能。为了解决该问题，从后向散射光的偏振特性出发，可以考虑借助后向散射光的退偏特性来滤除后向散射光中的漫射成分，利用距离选通偏振差分成像提高距离选通成像方法的成像质量。

提高距离选通成像方法性能的原理如下，后向散射光是由不同散射过程的光子组成的，不同散射过程的光子对应不同的散射次数，假设光子散射的平均自由程保持不变，在数学上可以将其表示为

$$S' = \sum_{i=1}^{\infty}(a_i M_i)S \tag{5-25}$$

其中，S' 与 S 为散射光与入射光的 Stokes 矢量；a_i 为权重系数，发生 i 次散射过程的光子在总后向散射光子中所占的比重；M_i 为发生 i 次散射的散射介质对应的 Mueller 矩阵。

在利用距离选通成像方法探测目标时，获取的光子分为两类[186]：一类分布在前沿，另一类分布在后沿，可表示为

$$S' = (a_f M_f + a_t M_t)S \tag{5-26}$$

其中，f 与 t 为距离选通水下成像方法中的前沿与后沿。

图 5.19 给出了浑浊介质中无目标时介质 Mueller 矩阵极分解结果。此处对 Mueller 矩阵进行的极分解是将 Mueller 勒矩阵写成三个等效 Mueller 矩阵的乘积，即

$$M = M_D M_\Delta M_R \tag{5-27}$$

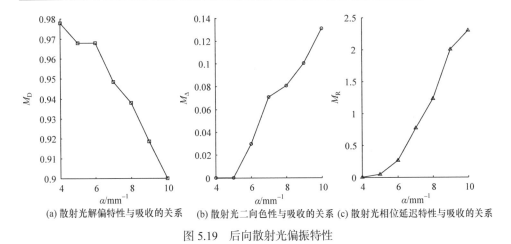

(a) 散射光解偏特性与吸收的关系　(b) 散射光二向色性与吸收的关系 (c) 散射光相位延迟特性与吸收的关系

图 5.19　后向散射光偏振特性

其中，M_D 为退偏 Mueller 矩阵；M_Δ 为二向色性 Mueller 矩阵；M_R 为相位延迟 Mueller 矩阵。

　　退偏 Mueller 矩阵表示浑浊介质对偏振光的退偏能力，二向色性 Mueller 矩阵表示浑浊介质在某一方向对偏振光的吸收能力，相位延迟 Mueller 矩阵表示浑浊介质对偏振光在某两个正交方向的分量的相位差调节能力。这里主要利用浑浊介质对入射偏振光的退偏能力研究浑浊介质中目标物的探测与识别能力。

　　观察图 5.19(a) 可知，随着浑浊介质散射程度的增加，经历更多次散射光子的保偏特性逐渐降低，并且下降趋势较为明显。由式 (5-13) 可知，散射光保偏能力的下降意味着散射光在与入射光偏振方向正交的方向分量逐渐增加，因此利用偏振差分成像方法可以有效滤除经历多次散射的光子。上述分析表明，在浑浊介质散射程度较大的情况下，尽管利用距离选通成像方法获取的目标信息中包含着介质多次散射光，但借助偏振差分成像方法可将多次散射光有效滤除，从而降低噪声，进一步提高探测与识别浑浊介质中目标物的能力。

　　我们利用实验测量距离选通偏振差分成像的效果，选取波长为 632.8 nm 的氦氖激光器为光源。通过稀释 10% 脂肪乳溶液模拟浑浊介质。经过裁剪，将尺寸为 10 mm×12 mm 的 CD 盘作为目标，悬空放置在位于微位移平台上的石英比色皿中。比色皿的尺寸为 50 mm×50 mm×55 mm。根据 10% 脂肪乳溶液散射系数与溶液浓度和入射波长间的关系[186]，向比色皿中加入不同量的 10% 脂肪乳原液可获得散射系数分别为 0.714 cm⁻¹ 和 1.19 cm⁻¹ 的溶液 1 和溶液 2。两种溶液的各向异性因子均为 0.73。

　　实验所用的装置如图 5.20 所示。光束由光源 L 发出后，首先经过线偏振片 P1 起偏，确定其偏振态，再经过光扩束器 E 扩展其直径为 15 mm，然后照射到目标 T 上。另一线偏振片 P2 作为检偏器放置在探测器前，用来选择不同偏振态

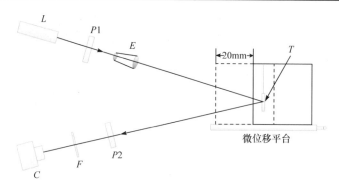

图 5.20　实验装置示意图

的光线。滤波片 F 放置在相机 C 和检偏器 $P2$ 之间选取中心波长为 632.8 nm 的光线。若将检偏器 $P2$ 从相机前移走，可得到场景的强度图像；当检偏器 $P2$ 放置在相机前，通过旋转其偏振方向可得到两最优正交偏振态的强度图像，记为 $I_{//}$ 和 $I_{\perp}$，分别表示平行分量强度图像和垂直分量强度图像。偏振差分成像是将以上两幅具有相互正交偏振态的强度图像作差，即

$$I_{\text{difference}} = I_{//} - I_{\perp} \tag{5-28}$$

注意到，印度墨水能够吸收经历多次散射的光子，常用其作为光吸收剂[187]，因此实验将借助印度墨水实现对目标的距离选通成像。具体操作如下：先记录未向脂肪乳溶液中滴加墨水时目标的强度图像，然后向溶液中逐滴加入印度墨水，直至目标完全消失，再记录此时目标的强度图像。当改变目标距比色皿前壁的距离(成像距离)时，向溶液中滴入的墨水量也相应变化。未加墨水时的图像包括所有的光线。由于墨水的吸收作用，滴加墨水后的强度图像不包含光程长的目标光，只有光程较短的介质光，将滴加墨水前后的图像作差即可得到距离选通成像获得的目标图像。因此，在进行距离选通偏振差分成像时，首先要记录滴加墨水前检偏器在正交情形时的强度图像；然后再记录滴加适量墨水后，检偏器处在同样正交情形时的强度图像。记录四幅图像之后，首先将滴加墨水前后两平行分量图像作差，得到距离选通之后的偏振水平分量 $I'_{//}$；然后将滴加墨水前后两垂直分量图像作差，得到距离选通之后的偏振垂直分量 $I'_{\perp}$；最后利用式(5-28)，将距离选通成像所获取的具有相互正交偏振态的图像作差，从而实现距离选通偏振差分成像。

将目标放置在溶液 1 中，成像距离为 26 mm。利用强度成像、偏振差分成像和距离选通偏振差分成像分别对目标进行探测。在三种成像方式获取的图像中，选取图 5.21(a)中直线标示的强度曲线(水平方向像素点为 161～170)进行平均，可以得到如图 5.21(b)所示的图像强度分布曲线。

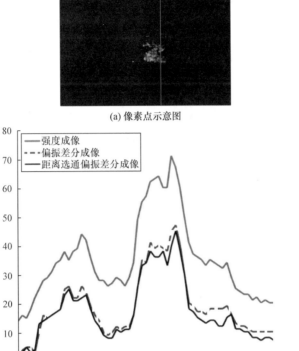

(a) 像素点示意图

(b) 强度曲线分布图

图 5.21　画强度曲线时选取像素点位置的示意图和所获取的强度曲线分布图

观察图 5.21 中的强度曲线可以发现,光强大小的排序为强度成像>偏振差分

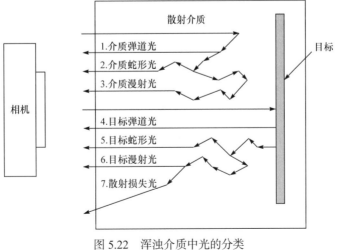

图 5.22　浑浊介质中光的分类

成像>距离选通偏振差分成像。这是因为强度成像时，相机接收到的光线为目标反射光和介质光的全部分量(图 5.22 中的 1、2、3、4、5、6 之和)，强度值最大；偏振差分成像能够滤除介质漫射光和目标漫射光(图 5.22 中的 3、6)，所得图像由图 5.22 中 1、2、4、5 的水平偏振部分构成。偏振差分成像消除部分非兴趣光，因此图像强度低于强度成像。距离选通偏振差分成像综合了距离选通成像与偏振差分成像的优势，不仅能消除短程介质光(图 5.22 中的 1、2)，也能滤除长程介质光和目标漫射光(图 5.22 中的 3、6)。相机接收到的光只有目标弹道光 4 和目标蛇形光 5 两部分构成，因此与另外两种成像方式相比，光强最弱。

　　将 CD 盘放置在溶液 1 和溶液 2 中，均匀改变成像距离，利用三种成像方式获得的图像对比度随成像距离的变化曲线如图 5.23 所示。此处图像对比度 C 定义为

$$C = \frac{I_T - I_B}{I_T + I_B} \qquad\qquad (5\text{-}29)$$

其中，I_T 和 I_B 为目标边缘区域的目标光强度值和背景光强度值。

　　根据图 5.23 比较三种成像方式获得的图像对比度可知，距离选通偏振差分成像对应的图像对比度最大，偏振差分成像对应的图像对比度次之，强度成像对应的图像对比度最小。

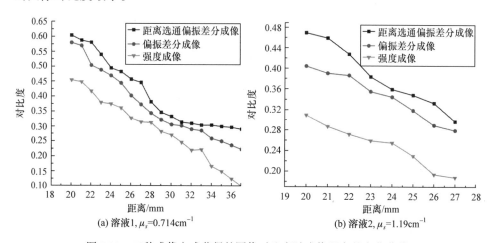

图 5.23　三种成像方式获得的图像对比度随成像距离的变化曲线

　　这是因为距离选通偏振差分成像能够滤除由介质单次散射光和介质多次散射光构成的背景光和最大非兴趣光对成像质量的影响，获得最优的图像质量；散射次数较少的介质光具有较强的保偏能力，因此相比于距离选通偏振差分成像，偏振差分成像只能滤除介质多次散射光，获取的图像质量低于距离选通偏振差分成像对应的图像质量。

　　从图 5.23 还可得这三种成像方式在获得相同图像对比度时的成像距离，如

表 5.4 所示。当对比度从 0.3 增加到 0.4 时，强度成像、偏振差分成像和距离选通偏振差分成像在溶液 1 中对应的成像距离变化量分别为 2.5 mm 、5.2 mm 和 7.0 mm 。可见在同一溶液中，提高相同对比度，距离选通偏振差分成像能够最大限度地提高成像距离。成像距离的变化量与各成像方式提高图像对比度的作用机制相关。背景光的形成受散射次数影响，因此在同一溶液中且成像距离相同时，背景光的成分和比例相同。不同成像方式消除的背景光成分不同，因此图像对比度增加量相同时，成像距离的变化量却不同。

表 5.4　对比度相同时三种成像方式对应的成像距离

对比度	溶液	成像距离 L/mm		
		强度成像	偏振差分成像	距离选通偏振差分成像
0.3	1	25	31.4	34.8
	2	20.4	25.2	26.8
0.4	1	22.5	26.2	27.8
	2	<20	20.8	22.6

当目标处在溶液 2 中，图像对比度从 0.3 增加到 0.4 时，三种成像方式对应的成像距离变化量分别为 0.4 mm 、4.4 mm 和 4.2 mm 。与目标处在溶液 1 中对比度从 0.3 增加到 0.4 时三种成像方式对应的成像距离变量相比，可得溶液浓度不同时，同一成像方式提高相同对比度时成像距离的改变量也不同；当溶液浓度增大时，同一成像方式对应的成像距离变化量减小。这主要受溶液散射系数 μ_s 的影响。当 μ_s 增大时，光子在溶液中传播相同距离时发生的散射次数增多。光子偏振态与散射次数相关。光子经历的散射次数越多，消偏能力就越强，光子经历散射后偏振态与初始时偏振态的差异就越显著。因此，与高散射系数溶液中相比，当光子处在低散射系数溶液中时，光子偏振态改变相同量，所需的成像距离改变量就要增加。最终结果是，在高散射系数溶液中，图像对比度提高相同量时，成像距离的变化量减小。

不同成像方法获得的水下图像如图 5.24 所示。实验采用的目标物为从光盘上的裁剪下来的带字母的部分。为了更加直观地观测实验结果，选取图 5.24(a)三角箭头对应位置的数值曲线来观察。可以清晰地看出利用不同成像方法获得的光强分布曲线峰谷间的差异不同。利用式(5-20)计算图 5.24(a)中方框区域的图像对比度。此处的数值选择分别为不同成像方法获取的方框区域内白色与黑色部分的强度平均值。通过计算可以得出该条件下三种成像方法获得的图像对比度依次为 0.125、0.167、0.446。图像对比度的数值表明，在浑浊介质散射度较高的情况下，距离选通偏振差分成像方法可以有效地滤除目标光中掺杂的多次散射光，而距离选通成像方法无法将该部分多次散射光滤除。上述实验结果及结果分析表明，相对于距离选通成像方法，距离选通偏振差分成像方法能够有效地提高浑浊介质中的成像质量，将偏振差分成像方法和距离选通成像方法相结合对距离选通成像方法的进一步发展具有重要推动作用。

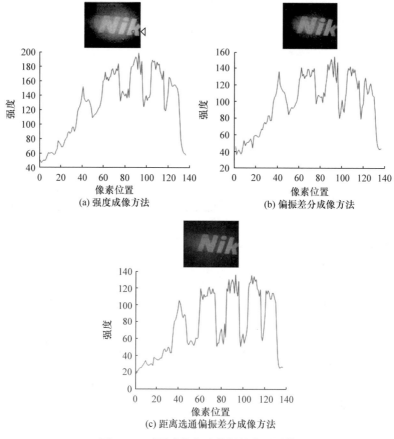

图 5.24　不同成像方法获得的水下图像

5.4　快速距离选通偏振差分成像

距离选通偏振差分成像是在偏振差分成像基础上提出的一种成像方法，能够进一步提高探测浑浊介质中目标的能力。由于进行偏振差分成像时需通过旋转偏振片获取最优正交偏振方向，因此距离选通偏振差分成像的实施过程也较为复杂，会降低成像效率，限制应用的时效性。本节将快速偏振差分成像应用于距离选通偏振差分成像，可以实现快速距离选通偏振差分成像，扩大偏振成像的应用范围。

通过上述分析可知，快速偏振差分成像相对于普通偏振差分成像能够提高探测时效性且不降低成像质量，因此若将距离选通偏振差分成像中的偏振差分成像用快速偏振差分成像代替，则可使距离选通偏振差分成像这一有效的成像方法适合更多应用场景。由于快速偏振差分成像和基于快速偏振差分成像的距离选通偏振差分成像(快速距离选通偏振差分成像)在根据获取场景的 Stokes 参量来计算最优成像质量的过程相同，因此快速偏振差分成像与快速距离选通偏振差分成像获取最佳成像效果的耗时基本相同。我们将利用 Monte Carlo 模拟获取普通距离选通偏振差分成像和快速距离选通偏振差分成像的成像效果，并对二者进行比较。

尺寸为 $0.20\,\text{cm} \times 0.20\,\text{cm} \times 0.10\,\text{cm}$ 的反射型长方体为目标，放置在半无限介质中距其上表面 $3.50\,\text{cm}$ 处。根据聚苯乙烯溶液的参数设置浑浊介质参数。介质中散射体的粒径为 $0.11\,\mu\text{m}$，散射体的折射率为 1.59，溶剂的折射率为 1.333，介质的吸收系数为 $0.05\,\text{cm}^{-1}$。入射光是波长为 $632.8\,\text{nm}$、光束半径为 $0.15\,\text{cm}$ 的均匀平面波，垂直介质面射入浑浊介质。探测面尺寸设置为 $3.00\,\text{cm} \times 3.00\,\text{cm}$。当光子超出探测面范围时，其 Stokes 参量将不被记录。综合考虑模拟结果的正确性和模拟过程的时效性，光子包的总数设置为 5×10^7。

设置介质的散射系数 μ_s 为 $0.57144\,\text{cm}^{-1}$，此时对应的光学厚度 τ 为 2.00。在该条件下利用偏振态为 $[1\,1\,0\,0]^{\text{T}}$ 的线偏振光进行普通距离选通偏振差分成像和快速距离选通偏振差分成像，并与强度成像获得的目标图像进行对比，成像效果如图 5.25 所示。由此可知，相对于强度成像，无论是普通距离选通偏振差分成像，还是快速距离选通偏振差分成像均能有效地滤除背景光、凸显目标，且普通距离选通偏振差分成像与快速距离选通偏振差分成像的成像效果几乎相同。为了定量衡定成像效果，利用式(4-42)计算图像对比度。强度成像获得的图像对比度为

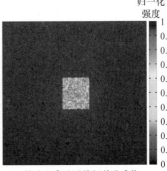

(a) 强度成像　　　　　(b) 普通距离选通偏振差分成像　　　　　(c) 快速距离选通偏振差分成像

图 5.25　强度成像、普通距离选通偏振差分成像和快速距离选通偏振差分成像获得的成像效果

0.1941，普通偏振距离成像获得的图像对比度为 0.8856，快速距离选通偏振差分成像获得的图像对比度为 0.8858。定量表明，利用改进后的距离选通偏振差分成像与改进前的距离选通偏振差分成像获得的图像质量相当。

　　为了进一步验证快速距离选通偏振差分成像的成像效果，通过改变散射体的浓度可以使介质光学厚度在[0.25,4.00]以步长 0.25 均匀改变，并在每个光学厚度下利用改进前后的距离选通偏振差分成像对目标进行探测。改进前后距离选通偏振差分成像随光学厚度分布曲线如图 5.26 所示。由此可知，在整个光学厚度范围内改进后的距离选通偏振差分成像获取的图像对比度与改进前的距离选通偏振差分成像获取的图像对比度基本相同。

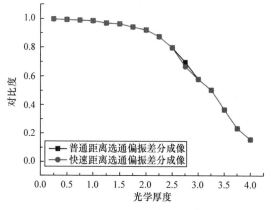

图 5.26　改进前后距离选通偏振差分成像随光学厚度分布曲线

　　本章研究快速偏振差分成像的一个重要出发点就是希望能够实现对动态环境中目标的探测，但探测动态环境中的目标时需要借助偏振成像仪同时获取场景的 Stokes 矢量。限于实验条件，我们没能在动态环境中对目标进行快速偏振差分成像和快速距离选通偏振差分成像，因此无法用实验结果展现这两种方法在动态环境中目标探测方面的优势，目前只能通过探测静态环境中的目标来展现这两种成像方法的优势。

5.5　本 章 小 结

　　本章首先从普通偏振差分成像原理出发，详细介绍基于 Stokes 参量快速偏振差分成像的原理，对其实现过程中所需关键参数的估算方法进行介绍，并通过实验对快速偏振差分成像、普通偏振差分成像和强度成像的效果进行对比，快速偏振差分成像能够获得与普通差分成像相同的成像质量，但快速偏振差分成像的耗时远低于普通偏振差分成像的耗时，证明了快速偏振差分成像的有效性。然后，将快速偏振差分成像与距离选通成像结合，实现快速距离选通偏振差分成像，利用 Monte Carlo 模拟对快速距离选通偏振差分成像效果进行研究，确认其在目标探测方面的优势。快速偏振差分成像和快速距离选通偏振差分成像的成像过程可借助分焦平面偏振相机实现，不需要机械旋转偏振片，从而提高偏振差分成像和距离选通偏振差分成像的效率，使偏振成像的应用范围得以扩大。

第6章 浑浊介质中偏振成像 Monte Carlo 模拟分析

偏振成像是利用目标光和背景光的偏振特性差异来提高图像质量的成像方法，被广泛应用于水下、烟雾、生物组织等浑浊介质中目标的探测。通常情况下，浑浊介质中包含的散射体尺寸大小不一，且部分浑浊介质还具有双折射效应，这些均是浑浊介质具有的典型特征。偏振光在浑浊介质中传输时，散射体尺寸和双折射效应均能改变偏振光的偏振特性，进而影响偏振差分成像质量。Monte Carlo模拟方法是研究光在介质中传输的重要方法，具有准确、高效和经济等优点，可显著提高研究效率，而且该方法能够根据研究者的需要便捷地提取出特定的研究对象。

本章将首先介绍 Monte Carlo 模拟基本思想，然后介绍偏振成像 Monte Carlo 模拟研究现状，利用 Monte Carlo 模拟方法模拟偏振成像的过程，探究偏振差分成像在散射体尺寸不同的普通介质和双折射介质中获得的图像的分布规律。

6.1 偏振差分成像的 Monte Carlo 模拟分析

6.1.1 普通介质中偏振差分成像模拟

在利用 Monte Carlo 模拟进行偏振差分成像研究时，建立如图 6.1 所示的笛卡儿坐标系作为实验室坐标系。垂直电场分量 $e_\perp$ 沿 x 轴方向，平行电场分量 $e_{//}$ 沿 y 轴方向，光子包传输方向 u 沿 z 轴方向。因此，$e_\perp(1,0,0)$、$e_{//}(0,1,0)$ 和 $u(0,0,1)$ 构成光子包 Stokes 矢量的参考系(局部坐标系)。设置介质中微粒的折射率为 1.59，溶剂的折射率为 1.333，介质的吸收系数为 $0.05\,cm^{-1}$。波长为 $632.8\,nm$、半径为 $0.15\,cm$ 的平行光束从介质上表面垂直射入浑浊介质。一个沿 x、y 和 z 轴方向尺寸分别为 $0.2\,cm \times 0.2\,cm \times 0.1\,cm$ 的反射型平行六面体作为目标，放置在浑浊介质中，其上表面距浑浊介质上表面 $3.5\,cm$。所谓反射型目标是指在光子包传输过程中，当光子包与其发生碰撞时，光子包将按照菲涅耳定律发生反射。探测面也位于浑浊介质上表面，光子进入浑浊介质，经过一系列传输后到达探测面的光子将被记录下来。

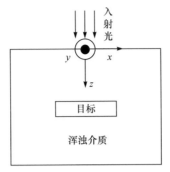

图 6.1　偏振差分成像坐标系

1. 算法流程图

图 6.2 所示为偏振差分成像 Monte Carlo 模拟流程图。在光子初始化模块中，

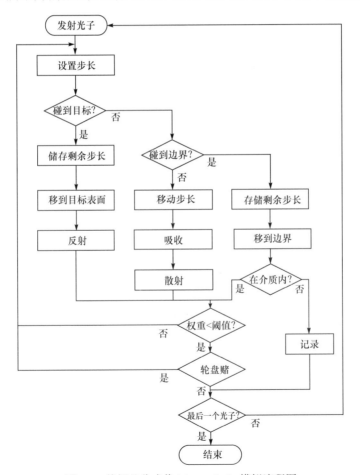

图 6.2　偏振差分成像 Monte Carlo 模拟流程图

设置光子包的初始位置、初始传输方向、初始偏振态和初始权重。在设置步长模块中，根据随机算法设置光子包所需行走步长和传输方向。在碰撞目标模块中，根据上一步设置的步长，判断在当前步长下光子包能否碰撞到目标表面。若光子包与目标发生碰撞，则计算光子包当前位置和沿光子包传输方向的射线与目标表面交点之间的距离作为新步长，然后利用存储剩余步长模块对新旧步长间的差值进行存储。在目标表面，光子包按照菲涅耳定律发生反射，利用反射模块改变光子包的传输方向和偏振态。碰撞边界模块判断当前步长下的光子包能否碰撞到浑浊介质上表面。如果光子包在当前步长下既不能碰撞到目标表面，也不能碰撞到浑浊介质表面，那么"移动步长模块更新光子包位置，吸收模块将一部分光子包权重存储到吸收矩阵中，确认发生散射后光子包新的传输方向并计算光子包新的偏振态。如果光子包能够碰撞到浑浊介质上表面，此时移到边界模块判断光子包在介质上表面发生反射，还是透射。如果光子包在浑浊介质上表面发生透射，则启动透射模块。通过透射模块将光子包在散射过程中的 Stokes 参量按照探测平面坐标系进行调整，然后利用记录模块将光子包的 Stokes 参量写入指定文件。如果光子包在浑浊介质上表面发生反射，则光子包重复上述过程继续在介质中传输。

权重阈值判断模块用来检查光子包权重和光子包死亡标记参量。若标记光子包已死亡，则运行最后一个光子模块；若光子包仍存活，且光子包权重超过阈值权重，则继续进行下一传输过程；若光子包仍然存活，但其权重小于阈值权重，则需通过轮盘赌模块判断光子包是否存活。如果轮盘赌"模块判定光子包存活，则继续下一传输过程；否则，光子包传输将会终止。最后一个光子模块用来判定终止整个模拟过程，还是重新发射一个新光子包。

2. 主要过程

(1) 散射

偏振光在浑浊介质中的散射过程可以利用 Stokes-Mueller 机制来描述。在经过每一个步长传输之后，由于浑浊介质的吸收作用，光子包的能量都会减少，需要更新其权重。更为重要的是，在光子包完成一个步长的传输后，由于介质中散射体是均匀分布的，光子包会被散射体散射。由于散射体是球形，因此散射体对光子包的散射是全空间的，可以用散射角 θ 和方位角 ϕ 来描述光子包的散射过程。θ 的取值范围为 $[0,\pi]$，ϕ 的取值范围为 $[0,2\pi]$。

考虑光子包的偏振特性，θ 和 ϕ 应满足联合概率密度函数，即

$$p(\theta,\phi;S)\mathrm{d}\theta\mathrm{d}\phi = \left[a(\theta) + b(\theta)\frac{Q\cos(2\phi) + U\sin(2\varphi)}{I}\right]\sin\theta\mathrm{d}\theta\mathrm{d}\phi \qquad (6\text{-}1)$$

其中，$a(\theta)$ 和 $b(\theta)$ 为由 Mie 散射理论计算得到的归一化 Mueller 矩阵元。

可以看出，θ 和 ϕ 的概率分布是入射光 Stokes 矢量的函数。在与球形散射体相撞并发生散射的过程中，光子包的偏振态将不断变化，因此每发生一次散射，光子包的 θ 和 ϕ 都需利用式(6-1)进行计算。

可利用采样的方法对这种分布进行计算。首先，为了得到 θ 的概率密度函数，需对 ϕ 进行积分，即

$$p(\theta)\mathrm{d}\theta = 2\pi a(\theta)\sin(\theta)\mathrm{d}\theta \tag{6-2}$$

对应的累积概率分布函数 $P(\theta)$ 为

$$P(\theta) = \int_0^\theta p(\theta')\mathrm{d}\theta' \tag{6-3}$$

采用反函数法对 θ 进行采样，计算 $P(\theta)$，并利用数组将计算值进行保存。采样时，首先产生一个在 $[0,1)$ 内均匀分布的随机数 ξ，然后在累积概率分布函数 $P(\theta)$ 的记录数组中找到随机数 ξ 对应的 θ 值。根据上述方法，只需在模拟前对累积概率分布函数进行一次计算即可。确定 θ 后，ϕ 满足的条件概率分布为

$$\begin{aligned}p(\phi\,|\,\theta,S)\mathrm{d}\phi &= \frac{p(\theta,\phi;S)\mathrm{d}\theta\mathrm{d}\phi}{p(\theta)\mathrm{d}\theta}\\&= \frac{1}{2\pi}\left(1 + \frac{b(\theta)}{a(\theta)}\frac{Q\cos(2\phi)+U\sin(2\phi)}{I}\right)\mathrm{d}\phi\end{aligned} \tag{6-4}$$

对 ϕ 利用拒绝法[142]进行采样。首先生成一个范围为 $[0,2\pi)$ 的随机数 ϕ 和一个范围为 $[0,1)$ 的随机数 ξ，然后计算 $k_0 = a(\theta) + |b(\theta)|$ 和 $k = a(\theta) + b(\theta)[Q\cos(2\phi)+U\sin(2\phi)]$。如果 k 的取值满足 $\xi k_0 < k$，则生成的 ϕ 有效，否则再产生一组随机数进行比较。该方法是在 θ 确定后对 ϕ 进行采样，能够避免产生无效 θ，加快运算速度。采样确定的 θ 和 ϕ 值分别为 θ_1 和 ϕ_1。

由于计算光子包 Stokes 矢量的参考坐标系是光子包局部坐标系，因此在计算浑浊介质中粒子散射作用对光子包 Stokes 矢量的影响之前需先更新光子包局部坐标系。如图 6.3 所示，首先使光子包局部坐标系沿传输方向 u 按方位角 ϕ 旋转。该旋转称作方位角旋转。经过旋转后，垂直电场分量 $e_\perp$ 变化为 $e_\perp'$，水平电场分量变化为 $e_\parallel'$。然后，在由 u 和 $e_\parallel'$ 构成的散射平面中，以垂直电场分量 $e_\perp'$ 为轴，将传输方向 u 按散射角 θ 旋转到 u'。此时的水平电场分量 $e_\parallel'$ 也得到更新。该旋转称作散射角旋转。经过两次连续旋转之后，光子包局部坐标系由 $(e_\perp, e_\parallel, u)$ 变化为 $(e_\perp', e_\parallel', u')$。根据旋转次序，需要分别计算出更新后的垂直电场分量 $e_\perp'$ 和传输方向 u'。旋转矩阵 R_{euler} 用来更新这两个矢量[136]。绕着单位矢量 k 旋转矢量 p 角度 σ 后的矢量为

$$p'' = p\cos\sigma + \sin\sigma(k\times p) + (1-\cos\sigma)(kp)k \tag{6-5}$$

写成矩阵形式，即

$$R_{\mathrm{euler}}(k,\sigma)=\begin{bmatrix} k_xk_xv+c & k_yk_xv-k_zs & k_zk_xv+k_ys \\ k_xk_yv+k_zs & k_yk_yv+c & k_yk_zv-k_xs \\ k_xk_zv-k_ys & k_yk_zv+k_xs & k_zk_zv+c \end{bmatrix} \tag{6-6}$$

其中，$k=\begin{bmatrix} k_x & k_y & k_z \end{bmatrix}$ 为旋转轴；$c=\cos\sigma$；$s=\sin\sigma$；$v=1-\cos\sigma$。

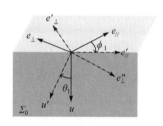

图 6.3 散射时局部坐标系旋转示意图

因此，当光子包局部坐标系绕传输方向 u 旋转时，旋转矩阵为 $R_{\mathrm{euler}}(u,\sigma)$。更新后的垂直电场分量为

$$e'_\perp=R_{\mathrm{euler}}(u,\phi)e_\perp \tag{6-7}$$

光子包局部坐标系绕新的垂直电场分量 $e'_\perp$ 旋转时，旋转矩阵为 $R_{\mathrm{euler}}(e'_\perp,\sigma)$。更新后的光子包传输方向为

$$u'=R_{\mathrm{euler}}(e'_\perp,\theta)u \tag{6-8}$$

根据右手定则可知，更新后的水平电场分量 $e'_{/\!/}$ 为

$$e'_{/\!/}=u'\times e'_\perp \tag{6-9}$$

在光子包局部坐标系更新后，需更新光子包的 Stokes 矢量。方位角旋转产生的 Stokes 矢量变化可由旋转 Mueller 矩阵 $R(\phi)$ 得到，即

$$S_{\mathrm{out}}=R(\phi)S_{\mathrm{in}} \tag{6-10}$$

其中

$$R(\phi)=\begin{bmatrix} 1 & 0 & 0 & 0 \\ 0 & \cos2\phi & \sin2\phi & 0 \\ 0 & -\sin2\phi & \cos2\phi & 0 \\ 0 & 0 & 0 & 1 \end{bmatrix} \tag{6-11}$$

散射角旋转产生的 Stokes 矢量变化可由 Mie 散射 Mueller 矩阵 $M(\theta)$ 得到，即

$$S_{\mathrm{out}}=M(\theta)S_{\mathrm{in}} \tag{6-12}$$

$M(\theta)$ 可由 Mie 散射理论得到[133]，即

$$M(\theta) = \begin{bmatrix} m_{11}(\theta) & m_{12}(\theta) & 0 & 0 \\ m_{12}(\theta) & m_{11}(\theta) & 0 & 0 \\ 0 & 0 & m_{33}(\theta) & m_{34}(\theta) \\ 0 & 0 & -m_{34}(\theta) & m_{33}(\theta) \end{bmatrix} \tag{6-13}$$

其中，$m_{11}(\theta)$、$m_{12}(\theta)$、$m_{33}(\theta)$ 和 $m_{34}(\theta)$ 与散射幅度 S_+ 和 S_- 相关，即

$$\begin{aligned} m_{11}(\theta) &= \frac{1}{2}\left(|S_-|^2 + |S_+|^2\right) \\ m_{12}(\theta) &= \frac{1}{2}\left(|S_-|^2 - |S_+|^2\right) \\ m_{33}(\theta) &= \frac{1}{2}\left(S_-^*S_+ + S_+^*S_-\right) \\ m_{34}(\theta) &= -\frac{i}{2}\left(S_-^*S_+ - S_+^*S_-\right) \end{aligned} \tag{6-14}$$

其中，S_+ 和 S_- 与浑浊介质中散射体的尺寸、散射体的折射率和球形贝塞尔函数等相关。

在 Monte Carlo 模拟程序中，每次散射后所得到的 S_+ 和 S_- 值均可由 Mie 散射程序得到。因此，经散射后，在新的光子包局部坐标系 $(e'_\perp, e'_\parallel, u')$ 中，光子包 Stokes 矢量为

$$S_{\text{scatt}} = M(\theta_1)R(\phi_1)S_1 \tag{6-15}$$

其中，S_1 为散射前的 Stokes 矢量，下标 1 表示散射前的参量；S_{scatt} 为散射后的 Stokes 矢量。

(2)碰撞

由于目标设置为反射型，因此当光子包与目标发生碰撞时，光子包将按照反射定律发生反射。目标对光子包的反射作用可用反射 Mueller 矩阵 M_R 表示。根据菲涅耳定律、入射角 α_1 和由菲涅耳定律计算得到的透射角 α_2，M_R 可表示为[188]

$$M_R = \frac{1}{2}\left(\frac{\tan\alpha_-}{\tan\alpha_+}\right)^2 \begin{bmatrix} a^2+b^2 & a^2-b^2 & 0 & 0 \\ a^2-b^2 & a^2+b^2 & 0 & 0 \\ 0 & 0 & -2ab & 0 \\ 0 & 0 & 0 & -2ab \end{bmatrix} \tag{6-16}$$

其中，$a = \cos\alpha_-$；$b = \cos\alpha_+$；$\alpha_\pm = \alpha_1 \pm \alpha_2$。

此处需利用菲涅耳定律进行计算，而菲涅耳定律的使用具有限制条件，因此为保证菲涅耳定律的有效性，需要对光子包局部坐标系进行旋转，以满足菲涅耳

定律的适用条件。如图 6.4 所示，将光子包局部坐标系绕传输方向 u 旋转 ϕ_2，使水平电场分量 $e_{//}$ 变为 $e'_{//}$，进入由传输方向 u 和从目标表面指向介质的法线 n 构成的平面 Σ_1 中。此时，新的垂直电场分量 $e'_{\perp}$ 垂直于平面 Σ_1。因此，光子包的 Stokes 矢量需先被旋转矩阵更新，然后再被目标的反射 Mueller 矩阵更新，即

$$S_{ref} = M_R R(\phi_2) S_2 \tag{6-17}$$

其中，S_2 为在目标表面反射前的 Stokes 矢量；S_{ref} 为在目标表面反射后的 Stokes 矢量。

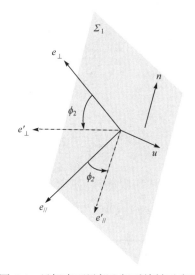

图 6.4　目标表面局部坐标系旋转示意图

接下来介绍光子包局部坐标系的更新算法。由于目标是反射型，因此当光子包与目标发生碰撞后，利用反射定律即可得到反射后的光子包传输方向 u'。由于垂直电场分量 $e'_{\perp}$ 经反射作用后不发生改变，因此根据右手定则可得新的水平电场分量 $e''_{//}$，即

$$e''_{//} = u' \times e'_{\perp} \tag{6-18}$$

$e'_{\perp}$、$e''_{//}$ 和 u' 构成新的光子包局部坐标系，光子包据此进行下一传输过程。

(3) 透射

光子包在浑浊介质中传输时，当其到达介质上表面时，该光子包应当被探测器检测到。在进行光子包探测时，光子包 Stokes 矢量不应再按每个光子包局部坐标系进行计算，而是需要一个统一的坐标系，即实验室坐标系。在该坐标系下，对每个光子包 Stokes 矢量进行叠加可以得到出射光束总的 Stokes 矢量。实际操作时，需对探测平面进行网格划分，根据出射光子包的坐标，判定光子包所在的网

格，将进入同一网格的 Stokes 矢量进行叠加，从而获得场景的 Stokes 矢量。如图 6.5 所示，需要对光子包的局部坐标系进行旋转，使新的水平电场分量 $e'_{//}$ 处在由偏振片水平偏振方向 $P_{//}$ 和偏振片法线方向 n 构成的平面 Σ_2 中[189]。因此，最终光子包出射的 Stokes 矢量为

$$S_{\text{final}} = R(\phi_3) \cdot S_3 \tag{6-19}$$

其中，S_3 为光子包出射前的 Stokes 矢量；S_{final} 为记录的光子包 Stokes 矢量。

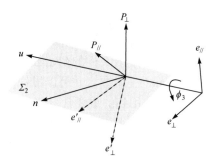

图 6.5　探测面局部坐标系旋转示意图

3. 主要函数功能和物理量

(1) 主要功能函数

根据图 6.2 所示的偏振差分成像流程图，采用模块化的编程方法可以实现流程图所示的各项功能。在编程过程中，参考之前学者的代码，我们结合自身程序的需要设计了一些函数，确保能够顺利实现程序的核心算法。

LaunchPhoton() 函数，主要用于初始化光子包的发射位置、发射方向、偏振态和权重。

Spin() 函数，可用于实现光子包的散射过程，完成光子包散射角、方位角的抽样并完成散射发生后光子包 Stokes 参量和传输方向的更新。

StepSize() 函数实现浑浊介质中光子包步长的抽样。

Hop() 函数用来根据光子包当前位置和步长，移动光子包到新的位置。

HitMediaBoundary() 函数用于判断光子包是否碰撞到浑浊介质表面。

HitTargetBoundary() 函数用来判断光子包是否与目标表面发生碰撞。

Reflection() 函数用于计算光子包在目标表面发生反射的过程。

Drop() 函数用来完成光子包在介质中传播时的吸收过程。

RFresnel() 函数用来计算菲涅耳反射。

Record() 函数用来记录透射光子包的 Stokes 参量。

Roulette() 函数用于实现轮盘赌功能。

HopDropSpin()函数用于描述光子包在浑浊介质中经历的吸收、散射和移动等一系列过程。

InitInputData()函数用于初始化输入数据。

InitOutputData()函数用于初始化输出数据。

FreeData()函数实现了释放动态分配的内存。

(2) 常量及数据结构变量

编写的程序包含 array.h、complex1.h、mie.h、nrutil.h 和 pmcml.h 等五个头文件，array.c、complex1.c、mie.c、nrutil.c、pmcmlgo.c、pmcmlio.c 和 pmcmlmain.c 等七个源文件。其中，pmcmlgo.c 文件用于实现偏振差分 Monte Carlo 模拟程序的主要功能；pmcmlio.c 文件用于读取输入文件的初始数据或者向输出文件中输出数据；pmcmlmain.c 文件包含 main()主函数，并可以报告模拟程序的运行状态；在 pmcml.h 头文件中，定义了程序中用到的重要常量(表 6.1)。我们可根据实际需要修改相应常量的数值。例如，在利用菲涅耳式计算反射率或新的光子包传输方向时，需要用到常量 COSZERO 和 COS90D。当 $|\cos\alpha| >$ COSZERO 时，可认为 α 无限接近 0°或 180°；当 $|\cos\alpha| <$ COS90D 时，可认为 α 无限接近 90°。WEIGHT 定义了轮盘赌的权重阈值。当光子包权重低于 WEIGHT 时，程序调用 Roulette()函数进行处理，使权重低于 WEIGHT 的光子包将有 CHANCE 的机会重新获得大小为 W / CHANCE 的新权重；否则，判定光子包死亡。

表 6.1　程序中的重要常量

常量	文件	数值	意义
COSZEO	pmcml.h	$1 \sim 1 \times 10^{-14}$	无限接近 0°的余弦值
COS90D	pmcml.h	1×10^{-14}	无限接近 90°的余弦值
WEIGHT	pmcml.h	1×10^{-4}	阈值权重
CHANCE	pmcml.h	0.1	轮盘赌生存机会

程序中的数据结构也极其重要。在 pmcml.h 头文件中，我们可以将某些相关的参数按照一定的逻辑组织成为一个结构体变量(表 6.2)，方便对该结构体进行统一维护与修改。

表 6.2　程序中的主要结构体变量

结构体变量	文件	用途
PhotonStruct	pmcml.h	光子包相关参数
LayerStruct	pmcml.h	浑浊介质相关参数

续表

结构体变量	文件	用途
InputStruct	pmcml.h	输入数据
ObjectStruct	pmcml.h	目标相关参数
MieScatterStruct	pmcml.h	Mie 散射相关参数
OutStruct	pmcml.h	输出数据

6.1.2　双折射介质中偏振差分成像模拟

1. 双折射介质中偏振差分成像模型

在双折射介质中，光子包每移动步长 s 后，不仅受介质中粒子散射作用的影响，还会受介质双折射效应的影响，因此在光子散射模块中添加双折射效应对光子包传输的影响，可实现双折射介质偏振差分成像 Monte Carlo 模拟。下面以单轴晶体为例，介绍双折射效应对光子包偏振态的改变。

设光子包在移动步长之前的 Stokes 矢量为 S，局部坐标系的平行分量为 $e_{//}$、垂直分量为 $e_\perp$，光子包的传输方向为 u，晶体的光轴为 l，o 光的折射率为 n_o，e 光的折射率为 n_e。浑浊介质为正单轴晶体，即 $n_e > n_o$，且 $n_e = n_o + \Delta n$。

根据偏振光学知识可知，要计算光子包在沿传输方向 u 移动步长 s 后的 Stokes 矢量，需求出该过程所对应的 Mueller 矩阵。通常情况下，可将该传输过程看作是光子包经过了一个相位延迟为 δ 的相位延迟器，对应的 Mueller 矩阵为

$$M(\delta) = \begin{bmatrix} 1 & 0 & 0 & 0 \\ 0 & 1 & 0 & 0 \\ 0 & 0 & \cos\delta & \sin\delta \\ 0 & 0 & -\sin\delta & \cos\delta \end{bmatrix} \tag{6-20}$$

因此，需要首先计算出光子包在沿 u 移动步长 s 后产生的相位延迟 δ，即

$$\delta = \frac{2\pi s}{\lambda'}\Delta n' = \frac{2\pi s \bar{n}}{\lambda}\Delta n' \tag{6-21}$$

其中，$\bar{n}$ 为浑浊介质的平均折射率；$\Delta n'$ 为垂直于 u 的电场平面上沿 e 光与 o 光方向的折射率差。

双折射介质的折射率面如图 6.6 所示，光轴方向 l 位于 x-y 平面内，因此存在

$$n'_e(\theta) = \frac{n_e n_o}{(n_o^2 \sin^2\theta + n_e^2 \cos^2\theta)^{1/2}} \tag{6-22}$$

进而可得

$$\Delta n' = n'_{\mathrm{e}}(\theta) - n_{\mathrm{o}} = \frac{n_{\mathrm{e}} n_{\mathrm{o}}}{(n_{\mathrm{o}}^2 \sin^2 \theta + n_{\mathrm{e}}^2 \cos^2 \theta)^{1/2}} - n_{\mathrm{o}} \tag{6-23}$$

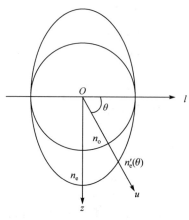

图 6.6　双折射介质的折射率面

此处所得到的相位延迟 δ 是相对垂直于传输方向 u 的电场平面上 $o\text{-}e$ 参考系而言的，因此需要将描述光子包偏振态的局部坐标系旋转至该参考系，使局部参考系与慢轴方向(e 光偏振方向)重合。设需要旋转的角度为 β，其表达式为

$$\beta = \arctan\left(-\frac{e_{/\!/} \cdot e_{\mathrm{o}}}{e_{\perp} \cdot e_{\mathrm{o}}} \right) \tag{6-24}$$

其中，o 光偏振方向总是垂直于光子包传输方向和光轴方向，即 $e_{\mathrm{o}} = u \times l$。

由此可得旋转矩阵为

$$R(\beta) = \begin{bmatrix} 1 & 0 & 0 & 0 \\ 0 & \cos 2\beta & \sin 2\beta & 0 \\ 0 & -\sin 2\beta & \cos 2\beta & 0 \\ 0 & 0 & 0 & 1 \end{bmatrix} \tag{6-25}$$

所以，光子包沿 u 移动步长 s 后所对应的 Mueller 矩阵 M_{B} 表示为

$$M_{\mathrm{B}} = R(-\beta) M(\delta) R(\beta) \tag{6-26}$$

最后得到 Stokes 矢量为 S 的光子包经双折射效应作用后的 Stokes 矢量为 $S_{\mathrm{B}} = M_{\mathrm{B}} S$，光子包传输方向和新局部坐标系均保持不变。

若浑浊介质为负单轴介质，上述推导同样成立。这里的介质双折射主轴的方向，正负单轴晶体的选择都可以任意设定，具有很强的适应性。

2. 程序正确性验证

为了验证所构建的偏振光在浑浊介质中传输模型的正确性，我们参考相关文献[190]进行了对照模拟。模拟程序中的入射光、浑浊介质和散射体的参数均按照参考文献设置，即入射光是波长为 594 nm 、偏振态为 $[1\,0\,0\,1]^T$ 的圆偏振光；浑浊介质中的散射体是直径为 0.7 μm 、折射率为 1.59 的微球；溶剂的折射率为 1.33；浑浊介质的吸收系数设为 $1\,\mathrm{cm}^{-1}$ 、散射系数设为 $90\,\mathrm{cm}^{-1}$ 、各向异性因子为 0.9 ，介质厚度为 0.1 cm ；光子包总数设为 5×10^6 。介质的双折射率差设为 1.33×10^{-3} 。本章程序模拟圆偏振光偏振度分布图如图 6.7 所示。图 6.8 所示为参考文献中模拟的结果。由此可知，程序的模拟结果与参考文献中的模拟结果一致。与马辉等的模拟结果[191]相比，可进一步验证模型的可靠性。

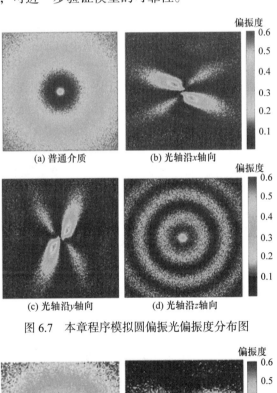

图 6.7　本章程序模拟圆偏振光偏振度分布图

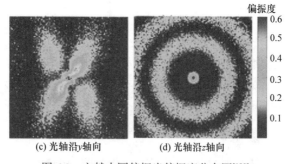

(c) 光轴沿 y 轴向　　　　　　(d) 光轴沿 z 轴向

图 6.8　文献中圆偏振光偏振度分布图[190]

6.1.3　介质特性对偏振差分成像的影响规律

偏振差分成像是根据目标光和背景光偏振方向的不同来提高成像质量的探测方法。这里利用 Monte Carlo 模拟验证偏振差分成像的效果,并与强度成像获取的图像进行比较。首先,研究偏振差分成像在普通介质中的成像质量,包含大粒子介质和小粒子介质中偏振差分成像的效果。根据浑浊介质中大小粒子的判断标准可知,浑浊介质中粒子的大小不仅与粒子的直径 d 有关,还与入射光波长 λ 和介质折射率 n_m 相关。当 $\pi d n_m / \lambda$ 小于 2 时,该尺寸的粒子为小粒子;当 $\pi d n_m / \lambda$ 大于 2 时,该尺寸的粒子为大粒子[104]。浑浊介质中粒子的尺寸范围分布较为广泛,从纳米量级到微米量级的粒子均在浑浊介质中存在[192]。因此,在选定粒子尺寸时,既要考虑实际应用,也要借鉴前人的研究经验,选定粒径为 $0.11\,\mu m$ 的散射体作为小尺寸粒子进行研究[105,193],选定粒径为 $2.00\,\mu m$ 的散射体作为大尺寸粒子进行研究[150,187]。

首先,设置散射体粒径 d 为 $0.11\,\mu m$,介质散射系数 μ_s 为 $0.28596\,cm^{-1}$,对应的光学厚度 τ 为 1.00,利用强度成像和入射光为线偏振光($[1\,1\,0\,0]^T$)的偏振差分成像(线偏振差分成像),获得的图像如图 6.9 所示。然后,设置 $d = 2.00\,\mu m$、$\mu_s = 0.71428\,cm^{-1}$、$\tau = 2.50$,利用强度成像和入射光为圆偏振光($[1\,0\,0\,1]^T$)的偏

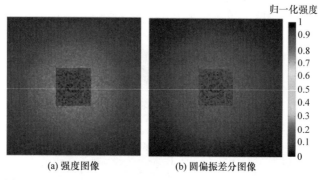

(a) 强度图像　　　　　　　(b) 圆偏振差分图像

图 6.9　$d = 0.11\,\mu m$、$\tau = 1.00$ 时强度成像与偏振差分成像比较

振差分成像(圆偏振差分成像)对目标进行探测，获得如图 6.10 所示的图像。由此可知，在两种不同粒径的介质中，不同光学厚度条件下利用线偏振差分成像和圆偏振差分成像均能有效地消除背景光，保留目标光，凸显目标信息。

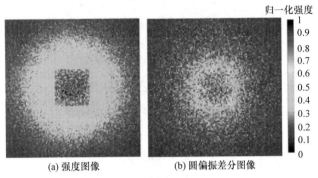

(a) 强度图像　　　　　　　(b) 圆偏振差分图像

图 6.10　$d = 2.00\,\mu m$、$\tau = 2.50$ 时强度成像与偏振差分成像比较

上述模拟结果验证了利用不同偏振态入射光对处在粒径大小不同介质中目标进行偏振差分成像均能获得优于强度成像的图像质量。接下来详细探讨入射光偏振态和介质中散射体粒径对偏振差分成像的影响。

1. 普通介质中偏振差分成像强度分布

在 Monte Carlo 模拟程序中，设置散射体的粒径 $d = 0.11\,\mu m$，介质的光学厚度 τ 分别为 1.00 和 2.50，利用线和圆偏振差分成像分别对目标进行探测，获得的图像如图 6.11 所示。

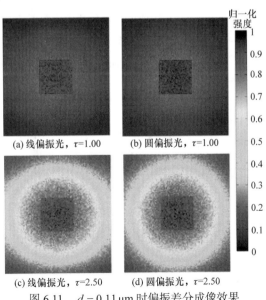

(a) 线偏振光，$\tau = 1.00$　　　(b) 圆偏振光，$\tau = 1.00$

(c) 线偏振光，$\tau = 2.50$　　　(d) 圆偏振光，$\tau = 2.50$

图 6.11　$d = 0.11\,\mu m$ 时偏振差分成像效果

　　设置散射体的粒径 d 为 $2.00\,\mu m$，τ 分别为 1.00 和 2.50。利用线和圆偏振差分成像分别对目标进行探测，获得的图像如图 6.12 所示。

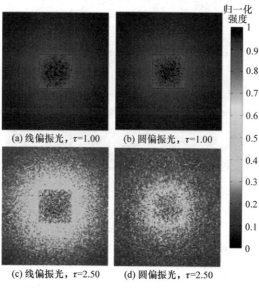

图 6.12　　$d = 2.00\,\mu m$ 时偏振差分成像效果

　　据此可对散射体粒径相同介质中的探测结果进行比较。在 d 为 $0.11\,\mu m$ 和 $2.00\,\mu m$ 的介质中，对 τ 分别为 1.00 和 2.50 时获得的偏振差分图像进行比较。为了更加直观地观测比较结果，在水平方向沿目标中心位置得到图像强度随像素点的分布曲线，如图 6.13 所示。图 6.13(a) 和图 6.13(b) 分别表示 $d = 0.11\,\mu m$ 时，线和圆偏振差分成像获得的光强分布曲线。图 6.13(c) 和图 6.13(d) 分别表示 $d = 2.00\,\mu m$ 时，

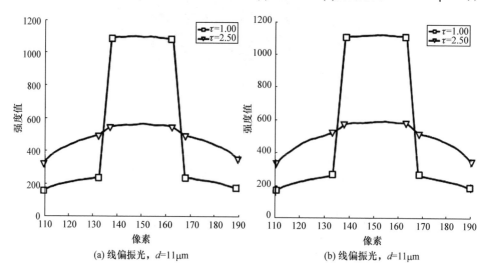

(a) 线偏振光，$d=11\mu m$　　　　　　　　　(b) 线偏振光，$d=11\mu m$

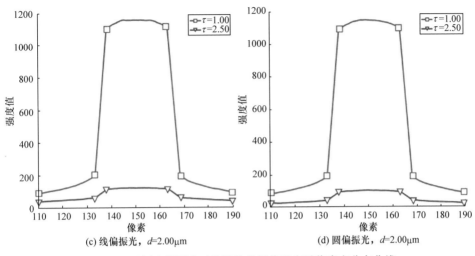

(c) 线偏振光，$d=2.00\,\mu m$　　　　　(d) 圆偏振光，$d=2.00\,\mu m$

图 6.13　不同光学厚度时偏振差分图像强度随像素点分布曲线

线和圆偏振差分成像获得的光强分布曲线。结果充分说明，随着光学厚度的增加，在大小两种散射粒径介质中，线和圆偏振差分成像质量均降低。

接下来，比较光学厚度相同而散射体粒径不同时的图像强度分布。在 τ 为 1.00 和 2.50 时，对 d 为 0.11 μm 和 2.00 μm 介质中的图像强度进行比较。图 6.14(a)～图 6.14(d)依次为 $\tau=1.00$ 和 $\tau=2.50$ 时，线和圆偏振差分成像获得的两种介质中图像强度分布曲线。

$\tau=1.00$ 和 $d=2.00\,\mu m$ 时，线和圆偏振光获得的目标(135～165 像素区域)光强度均高于 $\tau=1.00$ 和 $d=0.11\,\mu m$ 时线和圆偏振光获得的目标光强度，而背景(目标周围区域)光则表现出相反的特性。这是因为，光子在 $d=0.11\,\mu m$ 的介质中传输时，经历的散射主要是后向散射，在 $d=2.00\,\mu m$ 的介质中主要经历前向散射。因此，相对于 $d=2.00\,\mu m$ 和 $d=0.11\,\mu m$ 时，目标反射的光子在传输到探测面的过程中由于后向散射使一部分光子未进入探测面，从而造成目标光强度值低。后向散射使 $d=0.11\,\mu m$ 时介质光量大，背景光强度值高。

$\tau=2.50$ 和 $d=2.00\,\mu m$ 时，线和圆偏振光获得的目标光和背景光强度与 $\tau=2.50$ 和 $d=0.11\,\mu m$ 时，线和圆偏振光获得的目标光和背景光强度具有相同的分布趋势，均是 $d=0.11\,\mu m$ 时的光强度值远远大于 $d=2.00\,\mu m$ 时的光强度值。这是因为小粒径介质中的后向散射强于大粒径介质中的后向散射，且高光学厚度时，光子在介质中经历的散射次数也增多，介质光量增加，叠加在目标光上，使目标光强变大。

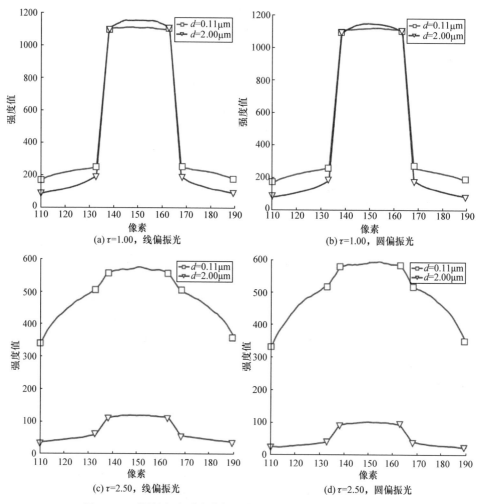

图 6.14　不同粒径介质中偏振差分图像强度随像素点分布曲线

2. 双折射介质中偏振差分成像强度分布

浑浊介质，尤其是生物组织等常常具有双折射效应[146, 152, 180, 190, 194, 195]，因此为了更好地利用偏振差分成像，有必要研究双折射效应对偏振差分成像的影响。浑浊介质的双折射率通常情况下都比较小，特别是生物组织的双折射率常常小于 1×10^{-2} [144, 146]，如肌肉、冠状动脉、心肌、巩膜、皮肤、软骨、肌腱等双折射率在 $1.4\times10^{-3}\sim4.2\times10^{-3}$ 范围内变化[196]，牛角膜的双折射率为 $10^{-6}\sim10^{-4}$ 数量级，牛晶状体的双折射率为 $10^{-7}\sim10^{-6}$ 数量级[197]。本书将介质的双折射率设置为 4×10^{-4}，在后期进行实验验证时可借助聚丙烯酰胺延伸[146]等方式实现。我们利用双折射介质中的偏振差分成像 Monte Carlo 模拟程序对双折射介质中的偏振差分成像进行研究。在进行双折射介质中的偏振差分成像研究时，介质的光轴沿光入射方向，双折射介质的其余参数与普通介质的参数相同。

设置粒径为 $0.11\,\mu m$ 的介质散射系数为 $0.71466\,cm^{-1}$，对应的光学厚度为 2.50，利用强度成像和圆偏振差分成像获得的图像如图 6.15 所示。由此可知，在双折射介质中，偏振差分成像仍能有效地滤除背景光，提高成像质量。

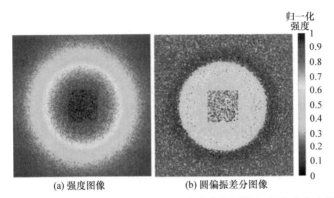

(a) 强度图像　　　　　　　　(b) 圆偏振差分图像

图 6.15　　$d = 0.11\,\mu m$ 和 $\tau = 2.50$ 时强度成像与圆偏振差分成像比较

设置 $d = 0.11\,\mu m$ 和 $d = 2.00\,\mu m$ 散射体的浓度，使 τ 分别为 1.00 和 2.50，利用线和圆偏振差分成像对介质中的目标成像，可以获得如图 6.16 和图 6.17 所示的图像。

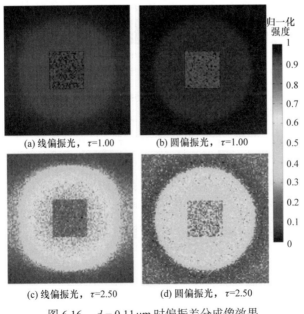

(a) 线偏振光，$\tau=1.00$　　　　　　(b) 圆偏振光，$\tau=1.00$

(c) 线偏振光，$\tau=2.50$　　　　　　(d) 圆偏振光，$\tau=2.50$

图 6.16　　$d = 0.11\,\mu m$ 时偏振差分成像效果

　　利用这些图像可对比粒径相同介质中的成像效果。在 d 为 0.11 μm 和 2.00 μm 的介质中，对 τ 分别为 1.00 和 2.50 时的偏振差分图像进行比较。图 6.18(a)和图 6.18(b)分别表示 d = 0.11 μm 时，线和圆偏振差分成像获得的光强分布曲线；图 6.18(c)和图 6.18(d)分别表示 d = 2.00 μm 时，线和圆偏振差分成像获得的光强分布曲线。由此可知，在 d= 0.11 μm 介质中，τ =2.50 时的目标光强度值低于 τ =1.00 时的目标光强度值；τ =2.50 时的背景光强度值远大于 τ =1.00 时的背景光强度值。在 d= 2.00 μm 的介质中，τ =2.50 时的目标光和背景光的强度值均低于 τ =1.00 时二者的强度值。

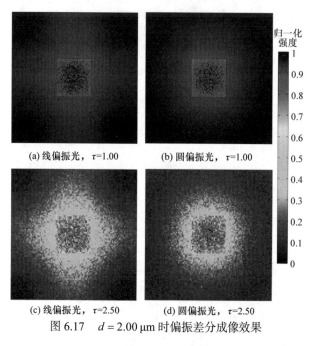

(a) 线偏振光，τ=1.00　　　　(b) 圆偏振光，τ=1.00

(c) 线偏振光，τ=2.50　　　　(d) 圆偏振光，τ=2.50

图 6.17　　d = 2.00 μm 时偏振差分成像效果

(a) 线偏振光，d=0.11μm

(b) 圆偏振光，d=0.11μm

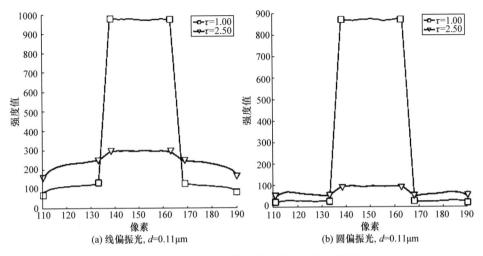

图 6.18　偏振差分图像强度随像素点分布曲线

由图 6.16 和图 6.17 还可得到，τ 为 1.00 和 2.50 条件下，线和圆偏振差分图像强度分布曲线，如图 6.19 所示。图 6.19(a) 和图 6.19(b) 为 $d = 0.11\,\mu\text{m}$，τ 为 1.00 和 2.50 时线和圆偏振差分图像随光学厚度的分布曲线。由此可知，对小粒径介质，在光学厚度相同时，线偏振差分成像获得的图像强度高于圆偏振差分成像获得的图像强度，且随着光学厚度的增加，二者的差值也会增大。图 6.19(c) 和图 6.19(d) 为 $d = 2.00\,\mu\text{m}$，τ 为 1.00 和 2.50 时，线和圆偏振差分图像强度随光学厚度的分布曲线。由此可知，对于大粒径介质，光学厚度相同时，线偏振差分成像获得的图像强度高于圆偏振光成像获得的图像强度；小粒径时，线和圆偏振差分图像强度的差值高于大粒径时二者的差值。

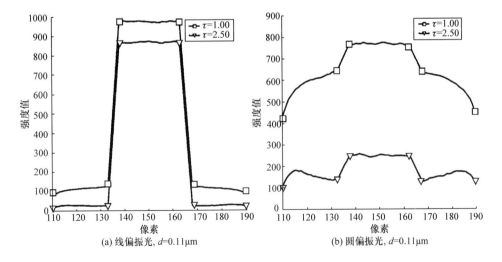

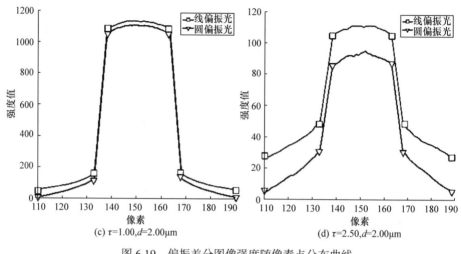

(c) $\tau=1.00, d=2.00\mu m$　　　　　(d) $\tau=2.50, d=2.00\mu m$

图 6.19　偏振差分图像强度随像素点分布曲线

6.2　距离选通偏振差分成像的 Monte Carlo 模拟分析

由于距离选通偏振差分成像是综合利用偏振差分成像和距离选通成像的优势提高探测浑浊介质中目标能力的成像方法，因此与偏振差分成像一样，其成像的效果也受浑浊介质中散射体尺寸、浑浊介质双折射效应等因素的影响。同时，由于添加时间维度的分离，这些因素对距离选通偏振差分成像质量和偏振差分成像质量产生的影响不同。因此，本章构建距离选通偏振差分成像的 Monte Carlo 模拟程序，利用该程序研究普通介质和双折射介质中散射体粒径和入射光偏振态对距离选通偏振差分成像效果的影响。通过获取图像对比度随光学厚度的分布规律，分别对普通介质和双折射介质中的成像质量进行研究，并对比两类介质中的成像效果，通过研究偏振光在浑浊介质中传输后的偏振特性分布对获取的成像结果进行分析，探寻距离选通偏振差分成像在特殊浑浊介质中的成像规律。

6.2.1　距离选通偏振差分成像原理

1. 距离选通偏振差分成像简介

在利用主动成像进行浑浊介质中目标探测时，探测器接收的光线包括目标反射光和介质光两大类。目标反射光是入射光照射到目标上，在表面反射后又经介质传输进入探测器的光线。介质光是入射光未到达目标就被浑浊介质中的散射体散射而进入探测器的光线。因此，目标反射光和介质光在浑浊介质中经历的传播光程不同，对应的传播时间也不同。距离选通成像正是根据这一特性提取包含目标信息的有效光，提高图像质量。部分介质光在浑浊介质中传输时经历的散射次数较多，在传播时间上与目标光无法分离，降低距离选通成像的效果。考虑偏振光在浑浊介质中传输时，经历的散射次数越多，其偏振特性改变得就越大。因此，我们将距离选通成像与偏振差分成像相结合，在距离选通成像滤除散射次数较少介质光的基础上，利用偏振差分成像消除散射次数较多的介质光提升探测浑浊介质中目标的能力。该方法集中了距离选通成像和偏振差分成像的优势，将其称作距离选通偏振差分成像。

2. 距离选通偏振差分成像模拟

距离选通偏振差分成像是距离选通成像与偏振差分成像相结合的产物，因此可在偏振差分成像模拟程序基础上增加距离选通功能，从而实现距离选通偏振差分成像。图 6.20 所示为距离选通偏振差分成像 Monte Carlo 模拟流程图。其与偏振差分成像 Monte Carlo 模拟算法流程基本相似，因此只对其特有的流程做简要说明。

在距离选通偏振差分成像 Monte Carlo 模型中，增加了开始计时和结束计时两个模块，用于计算光子在浑浊介质中的传输时间，并与设置的时间阈值做比较，以此实现距离选通的功能。

光子在浑浊介质中传输时，每移动一个步长所耗费的时间可利用光在介质中的传输速度计算，即

$$t_i = \frac{s_i n_m}{c} \tag{6-27}$$

其中，t_i 为光子在介质中第 i 次传输所需时间；s_i 为光子在介质中第 i 次传输时的步长；n_m 为介质的折射率；c 为真空中的光速。

光子在浑浊介质中的整个传输过程所耗费的时间 t 是其每个步长传输所耗费时间的总和，即

$$t = \sum_{i=1}^{n} t_i \tag{6-28}$$

当光子透射出浑浊介质上表面，光子传输计时结束，判断光子在整个传输过程所耗费时间与设定的时间阈值 t_{th} 的大小关系。若光子传输时间大于或等于设定的时间阈值，则记录该光子的 Stokes 参量；否则，将该光子的 Stokes 参量值记为 0，进入下一传输模块。

以上是对普通介质中的距离选通偏振差分成像模拟流程进行简要介绍。双折射介质中距离选通偏振差分成像与普通介质中的距离选通偏振差分成像构建过程基本相同，需在光子传输过程的散射模块中增加双折射效应对光子偏振态改变的

描述。这与双折射介质中偏振差分成像 Monte Carlo 模拟程序中光子偏振态的改变算法相同。

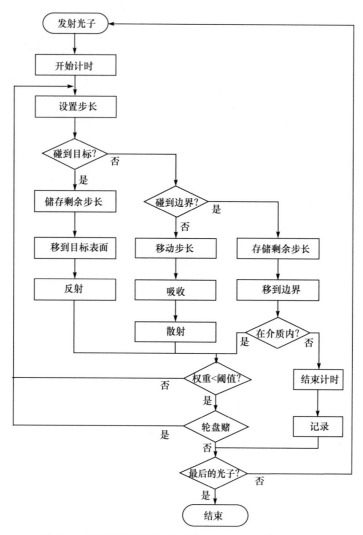

图 6.20　距离选通偏振差分成像 Monte Carlo 模拟流程图

按照图 6.20 中的流程图，我们开发了普通介质和双折射介质中距离选通偏振差分成像 Monte Carlo 模拟程序。选取半无限浑浊介质和反射型目标为研究对象。目标为 0.20 cm×0.20 cm×0.10 cm 的长方体，放置在介质中且距介质上表面 3.50 cm 处。设置介质中散射体的折射率为 1.59，溶剂的折射率为 1.333，介质的吸收系数为 0.05 cm^{-1}。波长为 632.8 nm 的光线垂直介质面射入浑浊介质，入射光为光束半径为 0.15 cm 的均匀平面光。探测面和入射面同侧，探测面尺寸为

$3.00\,\text{cm} \times 3.00\,\text{cm}$，当光子超出探测面范围，其 Stokes 参量将不被记录。综合考虑模拟结果的稳定性和模拟过程的时效性，光子包的总数设置为 5×10^7。

6.2.2 普通介质中距离选通偏振差分成像模拟分析

对普通介质中距离选通偏振差分成像效果，同样选定粒径为 $0.11\,\mu\text{m}$ 的散射体作为小尺寸粒子进行研究，选定粒径为 $2.00\,\mu\text{m}$ 的散射体作为大尺寸粒子进行研究。

1. 距离选通偏振差分成像强度分布

首先，设置散射体粒径 $d = 0.11\,\mu\text{m}$，介质散射系数 $\mu_s = 0.28596\,\text{cm}^{-1}$，此时对应的光学厚度 $\tau = 1.00$。利用偏振态为 $[1\,1\,0\,0]^\text{T}$ 的线偏振光进行距离选通偏振差分成像(线距离选通偏振差分成像)和偏振态为 $[1\,0\,0\,1]^\text{T}$ 的圆偏振光进行距离选通偏振差分成像(圆距离选通偏振差分成像)，获得的目标图像如图 6.21 所示。

改变介质散射系数 $\mu_s = 0.71428\,\text{cm}^{-1}$，此时 $\tau = 2.50$。在该光学厚度下，对目标进行线和圆距离选通偏振差分成像，获得的图像如图 6.22 所示。

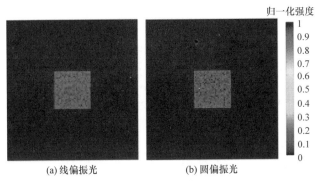

(a) 线偏振光　　　　　　　　(b) 圆偏振光

图 6.21　$d = 0.11\,\mu\text{m}$ 和 $\tau = 1.00$ 时距离选通偏振差分成像效果

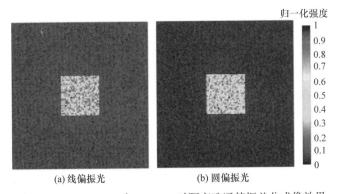

(a) 线偏振光　　　　　　　　(b) 圆偏振光

图 6.22　$d = 0.11\,\mu\text{m}$ 和 $\tau = 2.50$ 时距离选通偏振差分成像效果

然后, 模拟 $d = 2.00\,\mu m$ 介质中距离选通偏振差分成像效果。为了能够与 $d = 0.11\,\mu m$ 介质中的距离选通偏振差分成像效果进行比较, 设置 $\mu_s = 0.28571\,cm^{-1}$ 和 $\tau = 1.00$, 获得的目标的线和圆距离选通偏振差分图像如图 6.23 所示。

同样改变 $d = 2.00\,\mu m$ 介质中散射体的含量来研究介质溶度对距离选通偏振差分成像的影响。设置 $\mu_s = 0.71428\,cm^{-1}$ 和 $\tau = 2.50$, 继续进行线和圆距离选通偏振差分成像, 获得的目标图像如图 6.24 所示。

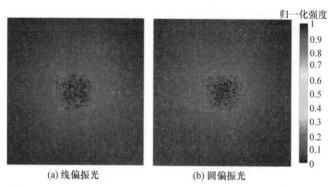

(a) 线偏振光　　　　　(b) 圆偏振光

图 6.23　$d = 2.00\,\mu m$ 和 $\tau = 1.00$ 时距离选通偏振差分成像效果

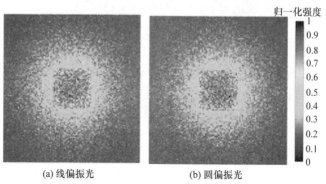

(a) 线偏振光　　　　　(b) 圆偏振光

图 6.24　$d = 2.00\,\mu m$ 和 $\tau = 2.50$ 时距离选通偏振差分成像效果

首先, 对散射体粒径相同介质中的目标图像进行比较。对比 $d = 0.11\,\mu m$ 的介质中, τ 分别为 1.00 和 2.50 时的偏振距离选通图像, 结果表明, 粒径相同时, 随着光学厚度的增加, 目标的强度降低。这是因为随着光学厚度增加, 光子在浑浊介质中经历的散射次数增多, 目标弹道光和目标蛇形光的数量减少, 更多的光偏离直线传输方向, 光的消偏程度增加, 由偏振光变为部分偏振光, 被距离选通偏振差分成像中的偏振差分成像滤除。为了更加直观地观测该现象, 在图像竖直方向沿中心位置处, 选取五条光强随像素点的分布曲线计算平均值得到如图 6.25 所示的分布曲线。从图 6.25(a) 和图 6.25(b) 可清晰地看到, 目标区域(第 136 像素点

到第 165 像素点之间)τ =1.00 时的图像强度大于 τ =2.50 时的图像强度；目标区域外，τ =2.50 时的图像强度(背景光)与 τ =1.00 时的图像强度相当。

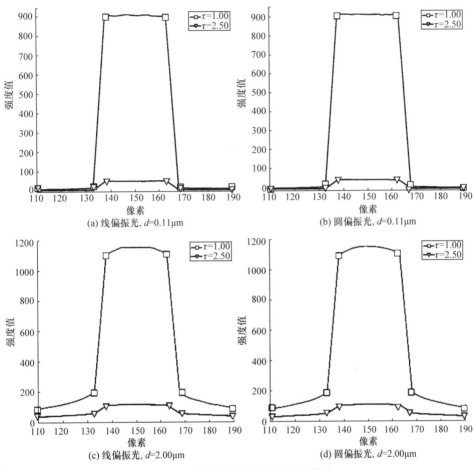

图 6.25　图像强度随像素点分布曲线

对 d = 2.00 μm 的介质，同样比较 τ 为 1.00 和 2.50 时距离选通偏振差分成像获得的图像强度。用前述操作方法可得到图像强度随着像素点的分布曲线。由图 6.25(c)和图 6.25(d)可知，目标区域内 τ =1.00 时的图像强度大于 τ = 2.50 时的图像强度；τ = 2.50 时，背景光强度低于 τ =1.00 时背景光强度。图 6.25 表明，在 d = 2.00 μm 介质中，随着光学厚度的增加，图像光强变化与在 d = 0.11 μm 介质中光强变化具有相似的分布规律。这表明，无论是在大粒径，还是小粒径散射体构成的介质中，光子经历的散射次数增加是图像强度下降的主要原因。

然后，对光学厚度相同而散射体粒径不同时的图像强度进行对比。τ =1.00

时，对 d 为 $0.11\,\mu m$ 和 $2.00\,\mu m$ 介质中的图像强度进行比较。对比图 6.21 和图 6.23 可知，随着散射体粒径的增加，背景光强度增加。利用前述操作方法可以从图 6.21 和图 6.23 得到如图 6.26 所示的强度分布曲线。从图 6.26(a)和图 6.26(b)可看到，$d = 2.00\,\mu m$ 时目标区域的光强度值大于 $d = 0.11\,\mu m$ 时目标区域的光强度值；$d = 2.00\,\mu m$ 时背景光强度值大于 $d = 0.11\,\mu m$ 时背景光强度值。

　　$\tau = 2.50$ 时，对 d 为 $0.11\,\mu m$ 和 $2.00\,\mu m$ 介质中的图像进行比较。对比图 6.22 和图 6.24 可知，随着散射体粒径的增加，背景光的强度增大。由图 6.26(c)和图 6.26(d)可清晰地看到，在整个图像区域内，$d = 2.00\,\mu m$ 时的光强度值大于 $d = 0.11\,\mu m$ 时的光强度值。这表明，大粒径介质中距离选通偏振差分成像对背景光的滤除能力低于其在小粒径介质中对背景光的滤除能力。

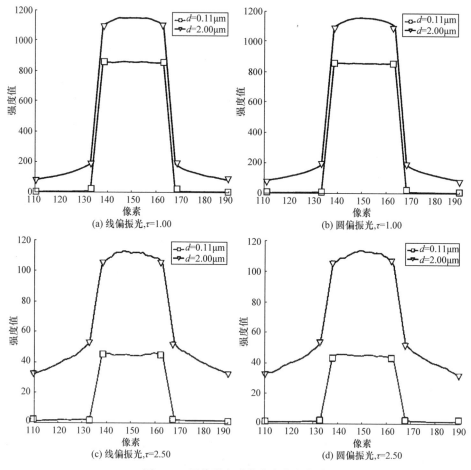

图 6.26　图像强度随像素点分布曲线

2. 距离选通偏振差分成像对比度分布

为了定量衡量距离选通偏振差分成像对浑浊介质中目标的探测能力，我们用图像对比度表征图像质量，利用 Monte Carlo 模拟研究距离选通偏振差分成像获得的图像对比度随光学厚度的分布趋势。

首先，设置 $d = 0.11\,\mu m$，通过改变散射体的浓度来改变介质散射系数，使介质光学厚度 τ 在 [0.25, 3.00] 内以间隔 0.25 均匀变化。在各光学厚度下，分别利用线偏振光($[1\,1\,0\,0]^{\mathrm{T}}$)和圆偏振光($[1\,0\,0\,1]^{\mathrm{T}}$)获得目标的距离选通偏振差分图像。根据图像数值计算各图像的对比度。在计算图像对比度时，选取目标正中间包含 100 个像素点的区域，计算该区域强度值的平均值作为目标光强度值；选取目标区域外包含 50 个像素点的四个区域，并计算这四个区域的平均值作为背景光强度值。图像对比度随光学厚度的分布曲线如图 6.27 所示。由此可知，圆偏振光入射时，图像对比度高于线偏振光入射时图像对比度。这表明，在 $d = 0.11\,\mu m$ 的介质中进行距离选通偏振差分成像时，利用圆偏振光能够得到比利用线偏振光更好的成像质量和探测效果。

然后，设置 $d = 2.00\,\mu m$ 散射体的浓度均匀变化，使 τ 以间隔 0.25 在 [0.25, 3.00] 内均匀变化。在各光学厚度下，利用线偏振光($[1\,1\,0\,0]^{\mathrm{T}}$)和圆偏振光($[1\,0\,0\,1]^{\mathrm{T}}$)获得的目标距离选通偏振差分图像，进而得到对比度随光学厚度变化的分布曲线。当光学厚度较低($\tau < 1.50$)时，线和圆距离选通偏振差分成像效果几乎相同；当光学厚度较大($\tau > 1.50$)时，圆距离选通偏振差分成像质量优于线距离选通偏振差分成像质量。

下面对模拟结果进行分析。以同样的研究顺序，分析 $d = 0.11\,\mu m$ 介质中的成像效果。选取 $\tau = 2.50$，分别获得线和圆偏振光入射时，距离选通偏振差分成像得到的前向散射光和后向散射光偏振度分布曲线。如图 6.28(a)所示，当线偏振光入射时，后向散射光偏振度高于圆偏振光入射时的偏振度。这是因为，光子在小粒径介质中经历的散射主要为大角度的后向散射。圆偏振光在每次大角度后向散射时其螺旋性均会发生反转[150]，使光子在经历系列散射后的偏振态将由螺旋性反转次数的奇偶性决定[198]，经历不同散射次数光子的偏振态螺旋性也不同，因此大量光子螺旋性的统计结果造成圆偏振光的消偏能力较强。这表明，在距离选通后，圆偏振光入射时介质光的消偏能力大于线偏振光入射时的消偏能力。由此可知，相对于线偏振光，在圆偏振光条件下，距离选通成像后，利用偏振差分成像能滤除更多的介质光。

线和圆偏振光入射时前向散射光的偏振度如图 6.28(b)所示。可以看出，在入射光区域(111～190 像素点之间的区域)，线和圆偏振光入射时介质前向散射光偏振度几乎相同，均保持在 0.8 附近，即无论入射光，还是线偏振光、圆偏振光，前向散射光均能保持入射时的偏振态。因此，在这两种情形下，到达目标表面的光子总数基本相同。当光子在目标表面发生反射后，线偏振光仍是线偏振光；对于圆偏振光，螺旋性将发生反转。根据前向散射光的偏振特性可知，到达探测面包含目标信息的有效光子数量在这两种偏振态入射光情形下几乎相同。因此，在 $d = 0.11\,\mu m$ 的介质中，利用距离选通偏振差分成像进行目标探测时，无论线偏振光还是圆偏振光入射，目标光量几乎无差别，而圆偏振光入射时能够滤除更多数量的介质光。综合保留目标光和滤除介质光的结果可知，进行距离选通偏振差分成像时，利用圆偏振光获得的成像质量优于利用线偏振光获得的成像质量。

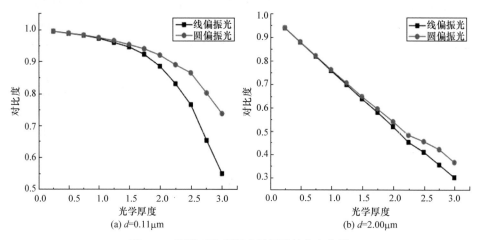

(a) d=0.11μm　　　　　　　　(b) d=2.00μm

图 6.27　图像对比度随光学厚度的分布曲线

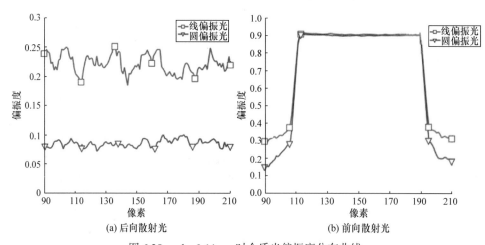

(a) 后向散射光　　　　　　　　(b) 前向散射光

图 6.28　$d = 0.11\,\mu m$ 时介质光偏振度分布曲线

　　然后，分析 $d = 2.00\,\mu m$ 时的成像效果。首先，选取 $\tau = 0.75$ ，研究线和圆偏振光入射时前向散射光的偏振度，如图 6.29(a)所示。由此可知，在入射光区域内两条曲线几乎重合，表明线偏振光入射时的前向散射光偏振度和圆偏振光入射时的前向散射光偏振度相同，数值约为 0.99955。该现象与相关报道[150]符合。据此可知，利用线和圆偏振光进行距离选通偏振差分成像时，获得包含目标有效信息的光子数量相等。值得注意的是，当光学厚度较低时，介质光的数量较小，因此在利用线和圆偏振光进行距离选通偏振差分成像时，即使二者对应介质光的偏振特性不同，偏振差分成像滤除的介质光量也无明显差别。因此，目标光的偏振特性对成像质量起至关重要的作用，使低光学厚度下线和圆距离选通偏振差分成像效果几乎相同。

　　然后，分析高光学厚度时的成像效果。选取 $\tau = 2.50$ ，研究距离选通成像获得的后向散射光偏振度分布曲线，如图 6.29(b)所示。由此可知，经距离选通成像操作后，线与圆偏振光入射时介质光偏振度几乎相当。距离选通成像将经历散射次数较少、偏振度高的光子滤除，只留下散射次数较多、偏振度较低的光子。因此，在 $d = 2.00\,\mu m$ 的介质中，无论入射光为线偏振光还是圆偏振光，距离选通偏振差分成像滤除了等量的介质光。

　　我们知道，在大粒径散射介质中，当散射次数较多，由于圆偏振光偏振记忆效应，圆偏振光入射时前向散射光的偏振态可以较好地保持[94, 198]，因此相对于利用线偏振光的情形，在进行圆距离选通偏振差分成像时能够探测到更多的目标有效光。综合线和圆距离选通偏振差分成像对介质光的滤除能力和对目标光的保留能力可知，当光学厚度较大时，圆距离选通偏振差分成像效果优于线距离选通偏振差分成像效果。

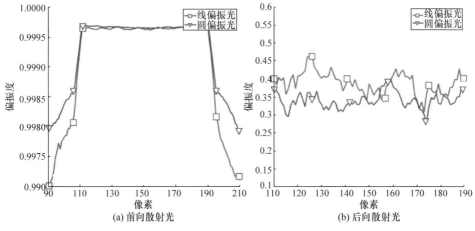

图 6.29　$d = 2.00\,\mu m$ 时介质光偏振度分布曲线

3. 距离选通偏振差分成像对比度提升能力

下面衡量距离选通偏振差分成像对图像对比度的提升能力。根据模拟结果比较散射体粒径 d 为 $0.11\,\mu m$ 和 $2.00\,\mu m$ 时，线和圆距离选通偏振差分成像相对于强度成像对图像成像质量的提升能力。根据强度成像和距离选通偏振差分成像获得的对比度，利用式(6-29)计算各光学厚度下距离选通偏振差分成像对图像对比度的提升能力。

图 6.30 所示为 $d = 0.11\,\mu m$ 和 $d = 2.00\,\mu m$ 时，分别利用线和圆偏振光得到的对比度提升比率随光学厚度的分布曲线。由此可知，在小粒径介质中距离选通偏振差分成像对图像对比度的提升能力远大于在大粒径介质中的提升能力。

为了验证模拟结果，利用图 5.20 所示的实验装置测量粒径为 $0.11\,\mu m$ 聚苯乙烯微球构成的溶液中线与圆偏振光入射时的距离选通偏振差分图像。为了使实验条件尽可能接近模拟条件，选用表面光滑的铝片作为目标物。通过改变溶液浓度和成像距离，使聚苯乙烯微球溶液的光学厚度 $\tau = 1.00$。在该条件下，线距离与圆距离选通偏振差分图像如图 6.31 所示。同样，利用式(6-29)计算图像对比度提升比率，即

$$\text{ratio} = \frac{C_{\text{PR}} - C_{\text{I}}}{C_{\text{I}}} \tag{6-29}$$

其中，ratio 为对比度提升比率；C_{I} 为强度成像获得的图像对比度；C_{PR} 为距离选通偏振差分成像获得的图像对比度。

由此，线偏振光入射时的对比度提升比率为 0.594，圆偏振光入射时的对比度提升比率为 0.602。实验结果与图 6.30(a)中所示的模拟结果基本一致，证明了模拟结果的可靠性。

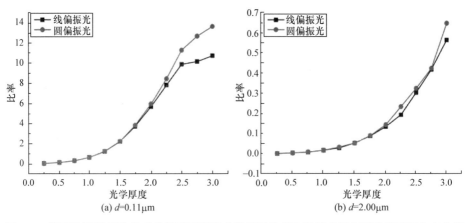

图 6.30　距离选通偏振差分成像相对于强度成像对图像对比度提升能力随光学厚度分布曲线

(a) 线距离选通偏振差分图像　　(b) 圆距离选通偏振差分图像

图 6.31　实验所得线与圆距离选通偏振差分图像

为了探究该现象出现的原因，选取 $\tau = 2.50$，在 $d = 0.11\,\mu m$ 和 $d = 2.00\,\mu m$ 的介质中利用 Monte Carlo 模拟记录了线偏振光入射时的目标反射光强度值，并与之前记录的强度成像和距离选通偏振差分成像对应的图像强度值作比较，如图 6.32 所示。由此可知，在 $d = 0.11\,\mu m$ 的介质中，强度成像的强度值远大于距离选通偏振差分成像和目标反射光的强度值；距离选通偏振差分成像和目标反射光强度具有相似的分布趋势。这表明，在小粒径介质中，介质光是影响成像质量的关键因素。在 $d = 2.00\,\mu m$ 的介质中，强度成像和距离选通偏振差分成像对应的光强均与目标反射光强度具有类似的分布。这表明，在大粒径介质中，除了介质后向散射使图像对比度降低以外，目标前向散射光也严重影响了图像对比度，而目标前向散射光在浑浊介质中传输时。由于其传输时间和偏振特性限制了对图像质量的提升能力，因此有必要探索新的成像方法来进一步滤除前向散射光，提高大粒径介质中的成像质量。

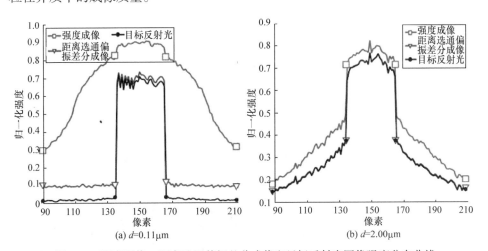

(a) $d=0.11\mu m$　　　　　　　　　　　(b) $d=2.00\mu m$

图 6.32　强度图像、距离选通偏振差分成像和目标反射光图像强度分布曲线

6.2.3　双折射介质中的距离选通偏振差分成像模拟分析

在模拟研究双折射效应对距离选通偏振差分成像的影响时，仍选取粒径为 $0.11\,\mu m$ 和 $2.00\,\mu m$ 的散射体。设置散射体的折射率为 1.59，溶剂的折射率为 1.333，介质的双折射率差为 4×10^{-4}，光轴沿入射光方向，介质的吸收系数为 $0.05\,cm^{-1}$。选取波长为 632.8 nm 的平面光束作为入射光。在 Monte Carlo 程序中由粒径不同的散射体构成两种介质，对应的各向异性因子(g)分别是 0.092 和 0.91。目标仍为反射型平行六面体。

1. 距离选通偏振差分成像效果

首先，选取 $d = 2.00\,\mu m$ 的介质进行研究。设置介质散射系数 $\mu_s = 0.42857\,cm^{-1}$，此时光学厚度 τ 为 1.50。利用非偏光 $[1\,0\,0\,0]^{T}$、线偏振光 $[1\,1\,0\,0]^{T}$ 和圆偏振光 $[1\,0\,0\,1]^{T}$ 分别进行强度成像和距离选通偏振差分成像，获得如图 6.33 所示的图像。

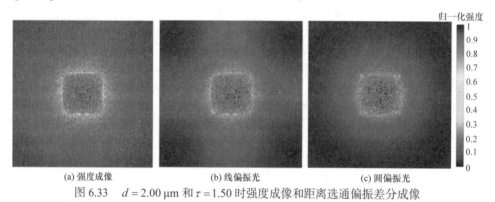

|(a) 强度成像|(b) 线偏振光|(c) 圆偏振光|

图 6.33　$d = 2.00\,\mu m$ 和 $\tau = 1.50$ 时强度成像和距离选通偏振差分成像

然后，设置 $d = 0.11\,\mu m$。为了能与 $d = 2.00\,\mu m$ 介质中的成像结果作比较，设置 $\mu_s = 0.4286\,cm^{-1}$，$\tau = 1.50$。图 6.34 为利用非偏光和线与圆偏振光得到的强度

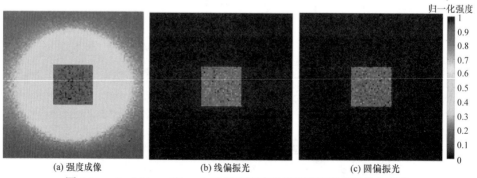

|(a) 强度成像|(b) 线偏振光|(c) 圆偏振光|

图 6.34　$d = 0.11\,\mu m$ 和 $\tau = 1.50$ 时强度成像和距离选通偏振差分成像

成像和距离选通偏振差分成像。比较图 6.33 和图 6.34 发现，无论双折射介质中所包含散射体粒径的大小，利用线和圆距离选通偏振差分成像均能有效地滤除背景光，保留目标信息，提高成像质量。

2. 距离选通偏振差分成像对比度分布

为了定量衡量双折射介质中距离选通偏振差分成像对图像质量的提高效果，我们计算了图像对比度。在 $d = 0.11\,\mu m$ 和 $d = 2.00\,\mu m$ 的介质中，保持目标距介质上表面 3.50 cm 不变，改变散射体的浓度，使光学厚度以 0.25 的间隔由 0.25 均匀变化到 5.00；在每个光学厚度下，分别利用强度成像和距离选通偏振差分成像探测目标，并计算图像对比度。获得的对比度分布曲线如图 6.35 所示。由此可知，无论介质中包含散射体粒径的大小，在各光学厚度下，线距离和圆距离选通偏振差分成像的图像对比度均高于强度成像的图像对比度。无论利用线偏振光还是圆

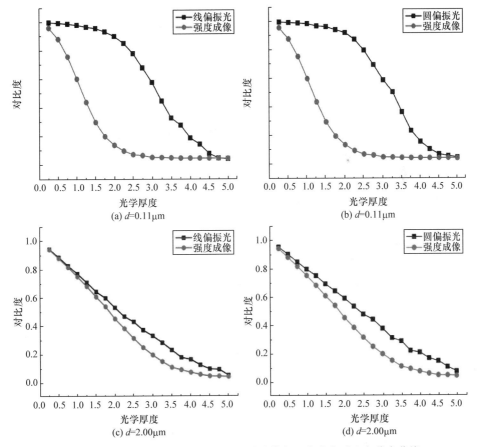

图 6.35　粒径不同时距离选通偏振差分成像与强度成像对比度分布曲线

偏振光，距离选通偏振差分成像均能有效地提高成像质量，那么究竟是利用线偏振光还是利用圆偏振光能够获得更高的图像对比度呢?

下面分析距离选通偏振差分成像效果与入射光偏振态的关系。在 $d = 2.00\ \mu m$ 的介质中，利用线和圆偏振光获得的图像对比度随光学厚度分布曲线如图 6.36 所示。在任何光学厚度下，由圆偏振光得到的图像对比度值均高于由线偏振光得到的图像对比度值。这表明，在大粒径介质中，相对于线偏振光，利用圆偏振光进行距离选通偏振差分成像时能够得到更优的成像效果。

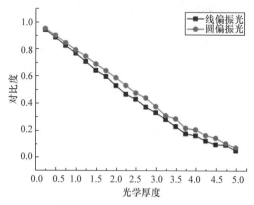

图 6.36　$d = 2.00\ \mu m$ 时线与圆距离选通偏振差分成像图像对比度分布曲线

为了更好地理解并充分分析这一现象，我们分别获取了 $d = 2.00\ \mu m$ 的介质中，线和圆偏振光入射时距离选通偏振差分成像后介质光偏振度的分布，如图 6.37(a)

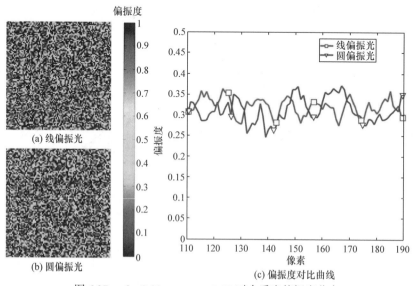

图 6.37　$d = 2.00\ \mu m$，$\tau = 3.00$ 时介质光偏振度分布

和图 6.37(b)所示。图 6.37(c)为介质光偏振度的空间分布曲线。由此可知，在距离选通成像滤除部分介质光后，剩余介质光偏振度在线与圆偏振光入射时具有几乎相同的分布趋势。这表明，距离选通成像操作后，在 $d = 2.00\,\mu m$ 的介质中，入射光为线或圆偏振光，介质光的退偏能力基本相同。因此，偏振差分成像后，将有几乎等量的介质光被滤除。注意到，距离选通成像在滤除介质光时与入射光偏振态无关，因此综合距离选通成像和偏振差分成像对光子的滤除能力可知，大粒径介质中距离选通偏振差分成像滤除的介质光量也与入射光偏振态基本无关。

成像效果不仅受介质光偏振特性影响，还受目标反射光偏振特性影响，因此也需对目标反射光偏振特性进行分析。目标反射光偏振度分布图如图 6.38(a)和图 6.38(b)所示。可以看出，在双折射介质中，线偏振光入射时目标反射光偏振度高于圆偏振光入射时目标反射光偏振度；相对于圆偏振光，线偏振光入射时，由前向散射形成的目标区域外光子的偏振度也较高。图 6.38(c)为偏振度随像素点的分布曲线。比较可知，尽管在目标区域内和目标区域外线偏振光对应的目标反射光偏振度均高于圆偏振光对应的目标反射光偏振度，但在目标区域外，两种偏振光入射时获得的目标反射光偏振度数值差(最小值为 0.15)大于目标区域内目标反射光偏振度的数值差(均值约为 0.1)。这表明，受目标反射光前向散射的影响，虽然线偏振光入射时能有较多目标光被保留，但是圆偏振光入射时能够消除更多目标区域外的前向散射光。这部分光也是背景光的重要组成部分。综合考虑介质光

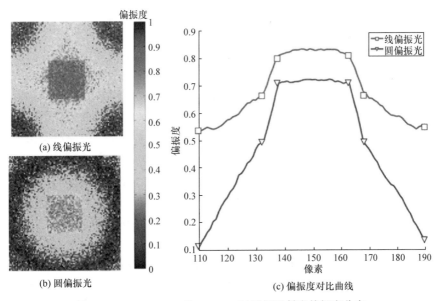

图 6.38　$d = 2.00\,\mu m$ 和 $\tau = 3.00$ 时目标反射光偏振度分布

和目标反射光在双折射介质中的偏振特性，能够对 $d = 2.00\,\mu m$ 介质中圆距离选通偏振差分成像的效果优于线距离选通偏振差分成像的效果这一结论进行较为充分的解释。

下面分析 $d = 0.11\,\mu m$ 介质中，距离选通偏振差分成像效果与入射光偏振态的关系。在 $d = 0.11\,\mu m$ 介质中，利用线和圆偏振光获得的图像对比度随光学厚度的分布曲线如图 6.39 所示。由此可知，当光学厚度较小 ($\tau < 3.75$) 时，圆距离选通偏振差分图像对比度高于线距离选通偏振差分图像对比度；当光学厚度较大 ($\tau > 3.75$) 时，线距离选通偏振差分图像对比度高于圆距离选通偏振差分图像对比度。光学厚度不同时，两种偏振态入射光得到的成像效果截然相反。

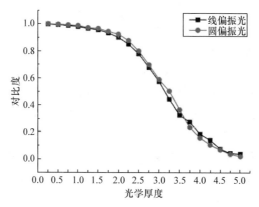

图 6.39　$d = 0.11\,\mu m$ 时图像对比度随光学厚度分布曲线

设置 $d = 0.11\,\mu m$ 介质的光学厚度 $\tau = 1.50$，线和圆偏振光入射时介质光偏振度如图 6.40(a) 和图 6.40(b) 所示。偏振度随像素点的分布曲线如图 6.40(c) 所示。由此可知，线偏振光对应的偏振度(均值约为 0.21)高于圆偏振光对应的偏振度(均值约为 0.15)。这表明，进行距离选通偏振差分成像时，在距离选通成像滤除了等量介质光的基础上，相对于线偏振光，利用圆偏振光会有更多的介质光被偏振差分成像滤除。

图 6.41(a) 和图 6.41(b) 所示为 $\tau = 1.50$，入射光为线和圆偏振光时目标反射光偏振度分布图。图 6.41(c) 所示为偏振度随像素点的分布曲线。从偏振度分布曲线可直观地看出，在目标区域内线偏振光对应的偏振度略高于圆偏振光对应的偏振度；在目标区域外线偏振光对应的偏振度比圆偏振光对应的偏振度高约 0.25。

上述结果表明，两种偏振态的光线入射在目标区域内的目标反射光偏振度差别微小，因此有几乎等量的有效光子被保留。在目标区域外，目标反射光由于前向散射也会对图像质量产生影响，且圆偏振光入射时目标区域外目标前向散射光偏振度低。因此，与线偏振光入射时相比，圆偏振光入射时，目标光的前向散射对成像质量的降低量较小。综合介质光和目标反射光对成像质量的影响，可以得出利用圆偏振光获得的距离选通偏振差分图像质量优于利用线偏振光获得的距离选通偏振差分图像质量。

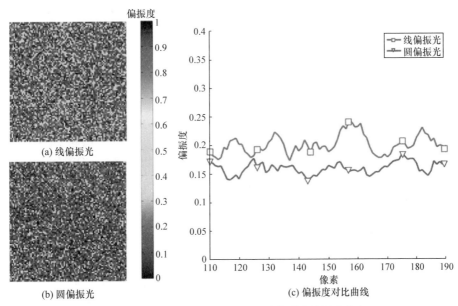

图 6.40　$d = 0.11\,\mu\mathrm{m}$ 和 $\tau = 1.50$ 时介质光偏振度分布

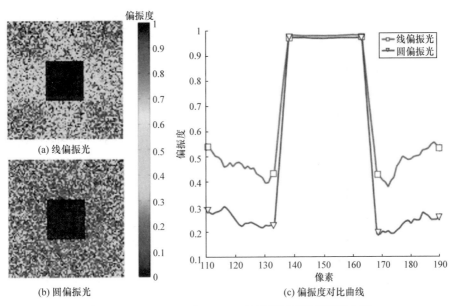

图 6.41　$d = 0.11\,\mu\mathrm{m}$ 和 $\tau = 1.50$ 时目标反射光偏振度分布

　　下面选取 $\tau = 4.00$ ，分析高光学厚度条件下的成像效果。线和圆偏振光入射时介质光偏振度的分布如图 6.42(a)和图 6.42(b)所示。图 6.42(c)所示为偏振度随像素点的分布曲线。由此可知，两条曲线均在小范围内波动，经过多次散射后，介质光在两种偏振态入射时的偏振特性保持能力基本相同，使距离选通偏振差分

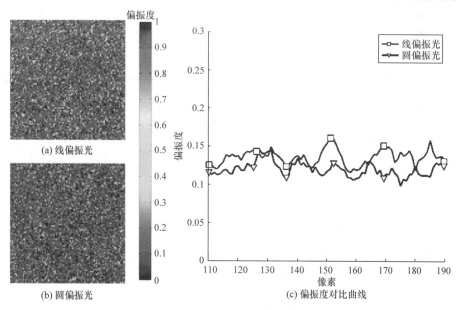

图 6.42　　$d = 0.11\,\mu m$ 和 $\tau = 4.00$ 时介质光偏振度分布

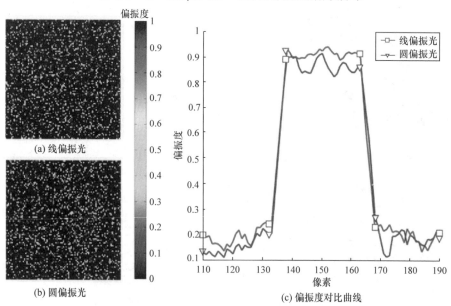

图 6.43　　$d = 0.11\,\mu m$ 和 $\tau = 4.00$ 时目标反射光偏振度分布

成像中的偏振差分成像能够滤除基本等量的介质光。在 τ 同样为 4.00 的条件下，线和圆偏振光入射时目标反射光偏振度分布图如图 6.43(a)和图 6.43(b)所示，偏振度随像素点的分布曲线如图 6.43(c)所示。由此可知，目标区域内目标反射光偏振度在线偏振光入射时高于圆偏振光入射时的偏振度，使线偏振光入射时有更多的目标信息被保留，从而提高图像对比度。在目标区域外，目标反射光偏振度在两种偏振光入射时具有相同分布。这表明，由前向散射产生的背景光量在两种偏振光入射时相等。由此，从介质光和目标反射光的偏振度出发能够合理地对高光学厚度时的成像结果进行分析。

6.2.4　介质特性对距离选通偏振差分成像的影响规律

下面对比普通介质和双折射介质中的距离选通偏振差分成像效果，并尝试对比较结果进行分析。

1. 大粒径条件下成像质量对比

图 6.44(a)和图 6.44(b)分别为在 $d = 2.00\,\mu m$ 的普通介质和双折射介质中，线和圆偏振光入射时图像对比度随光学厚度变化的曲线。由此可知，在 $d = 2.00\,\mu m$ 时，无论线偏振光还是圆偏振光入射，双折射介质中距离选通偏振差分成像获得的图像对比度均高于普通介质中距离选通偏振差分成像获得的图像对比度；圆偏振光入射时，双折射介质和普通介质中距离选通偏振差分成像的图像对比度差值更大。

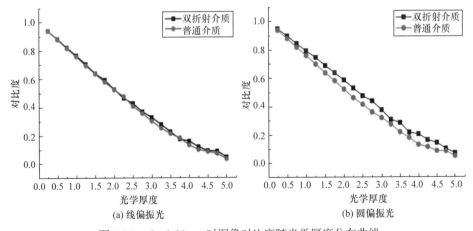

图 6.44　$d = 2.00\,\mu m$ 时图像对比度随光学厚度分布曲线

下面仍从介质光和目标反射光的偏振特性出发，对比介质光和目标反射光在普通介质和双折射介质中的偏振特性差异，对普通介质和双折射介质中的成像差

异做出合理分析。

　　选取 $\tau = 3.00$ 进行研究。图 6.45(a)和图 6.45(b)分别为普通介质和双折射介质中线偏振光入射时介质光偏振度分布图。由此可知,线偏振光入射时,普通介质中介质光偏振度(均值约为 0.39)大于双折射介质中介质光偏振度(均值约为 0.31)。这表明,由于双折射效应,线偏振光的退偏能力增强。

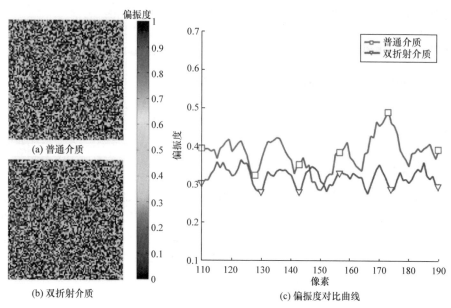

图 6.45　线偏振光时 $d = 2.00\ \mu m$ 的介质光偏振度分布

　　同样,测得圆偏振光入射时介质光偏振度分布图,如图 6.46(a)和图 6.46(b)所示。对比偏振度分布图并观察图 6.46(c)所示的偏振度分布曲线可知,普通介质中介质光偏振度(均值约为 0.37)大于双折射介质中介质光偏振度(均值约为 0.3)。这表明,受双折射效应影响,圆偏振光在双折射介质中的消偏程度也大于其在普通介质中的消偏程度。

　　在 $d = 2.00\ \mu m$ 的普通介质和双折射介质中,线偏振光入射时目标反射光偏振度分布如图 6.47 所示。可以看出,在整个探测面区域(包括目标区域内和目标区域外),普通介质中目标反射光偏振度大于双折射介质中目标反射光偏振度,特别是在目标区域外,两介质中目标反射光偏振度差值约为 0.3。

　　同样,在 $d = 2.00\ \mu m$ 的普通介质和双折射介质中,圆偏振光入射时目标反射光偏振度分布如图 6.48 所示。在整个探测面内,普通介质中目标反射光偏振度高于双折射介质中目标反射光偏振度,尤其在目标区域外普通介质中目标反射光偏振度远远高于双折射介质中的偏振度,差值约为 0.4。

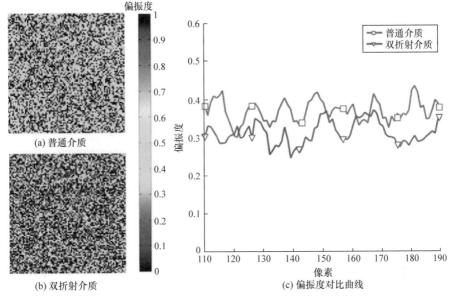

图 6.46　圆偏振光时 $d = 2.00\,\mu\text{m}$ 的介质光偏振度分布

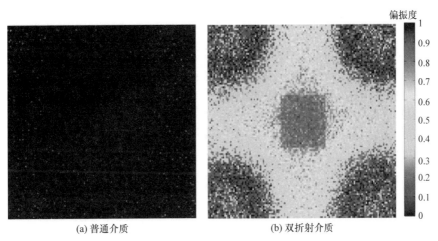

图 6.47　线偏振光时 $d = 2.00\,\mu\text{m}$ 的目标反射光偏振度分布图

　　通过偏振度分布可知，无论是线偏振光还是圆偏振光入射，在目标区域内，距离选通偏振差分成像在普通介质中能够保留的目标反射光量多于双折射介质中目标反射光量，而在双折射介质中距离选通偏振差分成像能够滤除较多的介质光。因此，目标反射光和介质光对图像质量的影响表现出相反的特性，无法判别成像质量的优劣。值得注意的是，在大粒径介质中，前向散射光也会对成像质量产生至关重要的影响。在目标区域外，双折射介质中目标前向散射光偏振度远低于其在普通介质中的偏振度，且二者的差值高于目标区域内目标反射光偏振度的差值，

因此距离选通偏振差分成像能够有效地滤除双折射介质中的目标前向散射光,从而使成像质量得以提高。综合距离选通偏振差分成像对介质光和目标反射光的滤除及保留能力可得出大粒径双折射介质中成像效果优于普通介质中成像效果的结论。

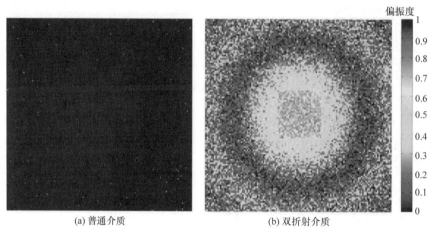

(a) 普通介质   (b) 双折射介质

图 6.48　圆偏振光时 $d = 2.00\ \mu\text{m}$ 的目标反射光偏振度分布图

2. 小粒径条件下成像质量对比

本节将探究小粒径条件下,普通介质和双折射介质中距离选通偏振差分成像效果的差异。图 6.49(a)和图 6.49(b)分别为在 $d = 0.11\ \mu\text{m}$ 的普通介质和双折射介质中,线和圆偏振光入射时图像对比度随光学厚度的变化曲线。由此可知,在各光学厚度下,双折射介质中线距离选通偏振差分图像对比度略大于普通介质中对应的图像对比度;在光学厚度较低($\tau < 2.25$)的条件下,双折射介质中圆距离选通偏振差分成像获得的图像对比度高于普通介质中圆距离选通偏振差分成像获得的图

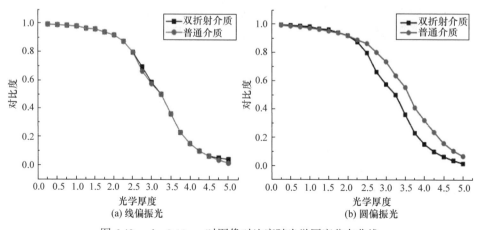

图 6.49　$d = 0.11\ \mu\text{m}$ 时图像对比度随光学厚度分布曲线

像对比度；在光学厚度较高($\tau > 2.25$)的条件下，圆偏振光在双折射介质中获得的距离选通偏振差分成像图像对比度低于普通介质中获得的距离选通偏振差分成像图像对比度。

当 $\tau = 1.50$ 和 $d = 0.11\,\mu\mathrm{m}$ 时，介质光偏振度分布图如图 6.50 所示。比较可得，普通介质中介质光偏振度高于双折射介质中介质光偏振度。这表明，在小粒径介质中，双折射效应仍使介质光消偏程度增大。同样可得，当 $\tau = 1.50$ 和 $d = 0.11\,\mu\mathrm{m}$ 时目标反射光偏振度分布(图 6.51)。由此可知，普通介质中目标反射光偏振度高

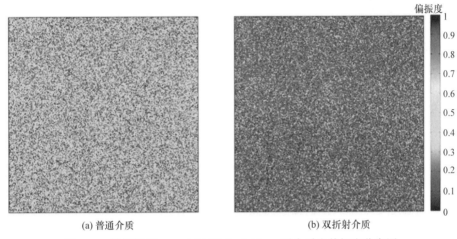

(a) 普通介质　　　　　　　　　　　(b) 双折射介质

图 6.50　线偏振光，$\tau = 1.50$ 和 $d = 0.11\,\mu\mathrm{m}$ 时介质光偏振度分布图

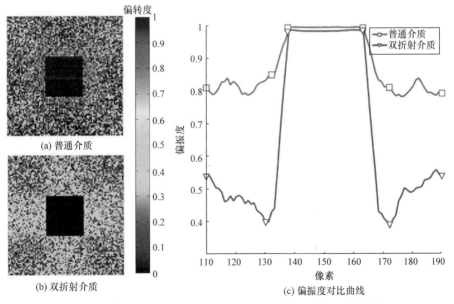

(a) 普通介质

(b) 双折射介质

(c) 偏振度对比曲线

图 6.51　线偏振光，$\tau = 1.50$ 和 $d = 0.11\,\mu\mathrm{m}$ 时目标反射光偏振度分布

于双折射介质中目标反射光偏振度，且在目标区域外偏振度的差值(约为 0.35)远大于目标区域内偏振度的差值(约为 0.02)。

通过分析可知，在 $d=0.11\,\mu m$ 双折射介质中，线距离选通偏振差分成像能够有效地滤除绝大部分介质光和目标前向散射光，提高图像对比度。尽管在目标区域内，普通介质中目标反射光偏振度高于双折射介质中目标反射光偏振度，但二者的差值(约为 0.02)不大，使背景光的消除量成为决定成像质量的关键。因此，在小粒径双折射介质中，利用线偏振光进行距离选通偏振差分成像能够得到优于普通介质中距离选通偏振差分成像的效果。

下面利用 Monte Carlo 程序模拟普通介质和双折射介质中圆偏振光入射时介质光和目标反射光偏振度的分布。由于圆偏振光入射时，两种介质中距离选通偏振差分成像效果与光学厚度相关，因此需要测量不同光学厚度下介质光和目标反射光的偏振度。

通过设置参数，$\tau=1.50$ 和 $d=0.11\,\mu m$ 时介质光偏振度分布如图 6.52 所示。根据图 6.52(c)所示的偏振度分布曲线可知，普通介质中介质光偏振度均值约为 0.2，双折射介质中介质光偏振度的均值约为 0.15。与双折射介质中介质光偏振度相比较，普通介质中介质光偏振度高。$\tau=1.50$ 和 $d=0.11\,\mu m$ 时目标反射光偏振度分布如图 6.53 所示。根据图 6.53(c)所示的偏振度分布曲线可知，在目标区域内，普通介质中目标反射光偏振度(约为 0.98)高于双折射介质中目标反射光偏振度(约为 0.96)，在目标区域外，普通介质中目标反射光偏振度(约为 0.8)远高于双折射介

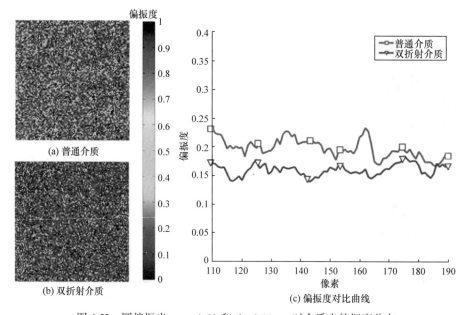

(a) 普通介质

(b) 双折射介质

(c) 偏振度对比曲线

图 6.52 圆偏振光，$\tau=1.50$ 和 $d=0.11\,\mu m$ 时介质光偏振度分布

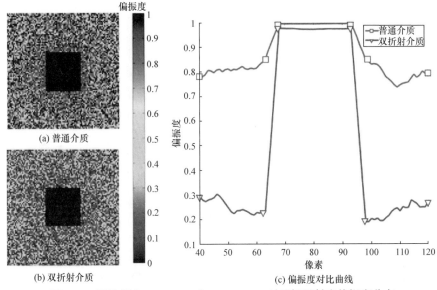

图 6.53　圆偏振光，$\tau = 1.50$ 和 $d = 0.11\,\mu m$ 时目标反射光偏振度分布

质中目标反射光偏振度(约为 0.25)。由此可知，在 $d = 0.11\,\mu m$ 的介质中，$\tau = 1.50$ 时，相对于普通介质，在双折射介质中，利用圆偏振光进行距离选通偏振差分成像会有更多的介质光和目标前向散射光被滤除，从而使成像效果较好。

设置 $\tau = 3.75$，该条件下普通介质和双折射介质中介质光偏振度分布图如图 6.54(a)和图 6.54(b)所示，偏振度分布曲线如图 6.54(c)所示。由此可知，圆偏振

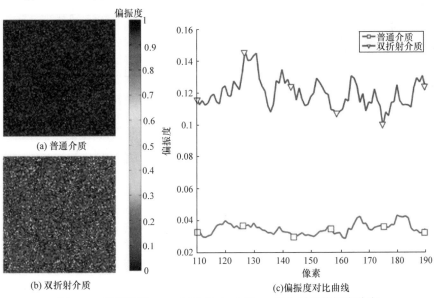

图 6.54　圆偏振光，$\tau = 3.75$ 和 $d = 0.11\,\mu m$ 时介质光偏振度分布

光入射时，双折射介质中介质光偏振度(均值约为 0.13)高于普通介质中介质光偏振度(均值约为 0.03)，表明当光学厚度较大时，在小粒径介质中，粒子散射对光的消偏能力大于双折射效应的消偏能力。在该条件下，相对于双折射介质，在普通介质中利用圆距离选通偏振差分成像会有较多介质光被滤除。

在该光学厚度下，普通介质和双折射介质中目标反射光偏振度的分布趋势如图 6.55 所示。观测偏振度分布曲线可知，普通介质中目标反射光偏振度(均值约为 0.95)高于双折射介质中目标反射光偏振度(均值约为 0.85)，表明高光学厚度时，小粒径双折射介质中目标反射光的消偏能力增强。相对于双折射介质，在普通介质中利用圆距离选通偏振差分成像时会有较多的目标光得以保留。综合介质光和目标反射光偏振度分布可知，高光学厚度时小粒径普通介质中的成像效果优于小粒径双折射介质中的成像效果。

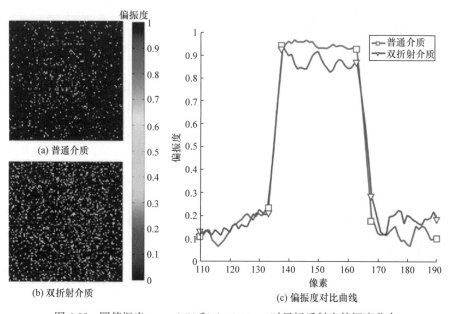

图 6.55　圆偏振光，$\tau = 3.75$ 和 $d = 0.11\,\mu\text{m}$ 时目标反射光偏振度分布

6.3　本 章 小 结

本章构建偏振光在浑浊介质中传输的全链路模型，详细地介绍了模型中的关键步骤过程，包括散射、碰撞、透射等。针对普通浑浊介质和双折射介质环境，模拟分析两种粒径的普通介质和双折射介质中线与圆偏振光入射时利用偏振差分成像方法获得的图像强度的分布趋势。结果表明，在普通介质中，随着光学厚度的增加，线偏振差分成像质量和圆偏振差分成像质量均降低。同一光学厚度条件

下背景光和目标光的分布与浑浊介质中散射体的粒径相关。在双折射介质中，随着光学厚度的增加，线偏振差分成像质量和圆偏振差分成像质量均降低。对小粒径介质，在光学厚度相同时，线偏振差分成像获得的图像强度高于圆偏振差分成像获得的图像强度，且随着光学厚度的增加，二者的差值增大。对大粒径介质，光学厚度相同时，线偏振差分成像获得的图像强度高于圆偏振光成像获得的图像强度，小粒径时线和圆偏振差分图像强度的差值高于大粒径时二者的差值。

　　简要概述了距离选通偏振差分成像的原理，利用实验测量距离选通偏振差分成像的效果，并与偏振差分成像和强度成像进行比较，证明距离选通偏振差分成像的优势。利用独立开发的距离选通偏振差分成像 Monte Carlo 模拟程序研究普通介质和双折射介质中距离选通偏振差分成像效果与入射光偏振态和散射体粒径间的关系。结果表明，在小粒径散射体构成的普通介质中利用圆偏振光能够得到比利用线偏振光更好的图像质量；在大粒径散射体构成的普通介质中，线与圆偏振光的成像质量与光学厚度相关，随着光学厚度的增加圆偏振成像的优势得到良好的体现，光学厚度的界限为 1.50。在大粒径双折射介质中，利用圆偏振光进行距离选通偏振差分成像时具有优势；在小粒径双折射介质中，随着光学厚度的增加，线偏振光表现出优于圆偏振光的成像效果，光学厚度的临界值为 3.75。在大粒径条件下，线与圆距离选通偏振差分成像在双折射介质的成像质量均高于普通介质中的成像质量，且圆偏振光入射时，优势更明显；在小粒径条件下，双折射介质中线距离选通偏振差分成像质量优于普通介质中的成像质量；当光学厚度小于 2.25 时，双折射介质中圆距离选通偏振差分成像质量占优；当光学厚度大于 2.25 时，普通介质中圆距离选通偏振差分成像质量占优。通过研究普通介质和双折射介质中介质光和目标反射光偏振度分布进一步对成像效果进行物理解释。这些工作使距离选通偏振差分成像在不同粒径大小的普通介质和双折射介质中的成像规律得以明确，能够有效地指导距离选通偏振差分成像的应用。

参 考 文 献

[1] 李新忠, 台玉萍, 甄志强, 等. 浑浊介质光学特性的激光散斑表征[J]. 激光与光电子学进展, 2009, 46(4): 28-32.

[2] 谌雨章. 激光水下成像的图像复原及超分辨率重建算法研究[D]. 武汉: 华中科技大学, 2012.

[3] 张祥光. 图像超分辨率重构算法及其在水下图像中的应用[D]. 青岛: 中国海洋大学, 2009.

[4] Nguyen N, Milanfar P, Golub G. Efficient generalized cross-validation with applications to parametric image restoration and resolution enhancement[J]. IEEE Transactions on Image Processing, 2001, 10(9): 1299-1308.

[5] Farsiu S, Robinson M D, Elad M, et al. Fast and robust super-resolution[J]. IEEE Transactions on Image Processing, 2004, 13(10): 1327-1344.

[6] 邓蓉. 基于图像融合的水下图像增强研究[D]. 合肥: 合肥工业大学, 2013.

[7] 王慧斌, 廖艳, 沈洁, 等. 分级多尺度变换的水下偏振图像融合法[J]. 光子学报, 2014, 43(5): 192-198.

[8] Han J F, Yang K C, Xia M, et al. Resolution enhancement in active underwater polarization imaging with modulation transfer function analysis[J]. Applied Optics, 2015, 54(11): 3294-3302.

[9] Lu H M, Li Y J, Zhang L F, et al. Contrast enhancement for images in turbid water[J]. Journal of the Optical Society of America A: Optics, Image Science, and Vision, 2015, 32(5): 886-893.

[10] Liu Z S, Yu Y F, Zhang K L, et al. Underwater image transmission and blurred image restoration[J]. Optical Engineering, 2001, 40(6): 1125-1131.

[11] Hou W L, Gray D J, Weidemann A D, et al. Automated underwater image restoration and retrieval of related optical properties[C]// IEEE International Geoscience and Remote Sensing Symposium, Barcelona, 2008: 1889-1892.

[12] Christie S M, Kvasnik F. Contrast enhancement of underwater images with coherent optical image processors[J]. Applied Optics, 1996, 35(5): 817-825.

[13] Zhan P P, Tan W J, Si J H, et al. Optical imaging of objects in turbid media using heterodyned optical Kerr gate[J]. Applied Physics letters, 2014, 104: 211907.

[14] Xu S C, Tan W J, Si J H, et al. Optimum heterodyning angle for heterodyned optical Kerr gated ballistic imaging[J]. Optics Express, 2015, 23(2): 1800-1805.

[15] Wang L, Ho P P, Liu C, et al. Ballistic 2-D imaging through scattering walls using an ultrafast optical Kerr gate[J]. Science, 1991, 253(5021): 769-771.

[16] 黄有为, 王霞, 金伟其, 等. 水下激光距离选通成像与脉冲展宽的时序模型[J]. 光学学报, 2010, 30(11): 3177-3183.

[17] 孙剑峰, 刘迪, 葛明达, 等. 条纹管激光雷达水下目标图像预处理算法[J]. 中国激光, 2013, 40(7): 211-214.

[18] Zhang H W, Ji L S, Liu S G, et al. Three-dimensional shape measurement of a highly reflected,

specular surface with structured light method[J]. Applied Optics, 2012, 51(31): 7724-7732.

[19] Chang Y, Chen T. Multi-view 3D reconstruction for scenes under the refractive plane with known vertical direction[C]//IEEE International Conference on Computer Vision, Barcelona, 2011: 351-358.

[20] 江萍. 水下目标多光谱探测技术实验研究[D]. 武汉：华中科技大学, 2013.

[21] Lin S S, Yemelyanov K M, Pugh E N, et al. Polarization enhanced visual surveillance techniques[C]// IEEE International Conference on Networking, Sensing and Control, Taipei, 2004, 1: 216-221.

[22] Lythgoe J N, Hemmings C C. Polarized light and underwater vision[J]. Nature, 1967, 213(5079): 893-894.

[23] Soni N K, Vinu R V, Singh R K. Polarization modulation for imaging behind the scattering medium[J]. Optics Letters, 2016, 41(5): 906-909.

[24] Lu H, Zhao K C, You Z, et al. Real-time polarization imaging algorithm for camera-based polarization navigation sensors[J]. Applied Optics, 2017, 56(11): 3199-3205.

[25] Pu Y, Wang W B, Tang G C, et al. Spectral polarization imaging of human prostate cancer tissue using a near-infrared receptor-targeted contrast agent[J]. Technology in Cancer Research and Treatment, 2005, 4(4): 429-436.

[26] Gao W R, Korotkova O. Changes in the state of polarization of a random electromagnetic beam propagating through tissue[J]. Optics Communications, 2007, 270: 474-478.

[27] Xiao Y, Zhang Y H, Wei T D, et al. Image scanning microscopy with radially polarized light[J]. Optics Communications, 2017, 387: 110-116.

[28] Schechner Y Y, Narasimhan S G, Nayar S K. Polarization-based vision through haze[J]. Applied Optics, 2003, 42(3): 511-525.

[29] Namer E, Schechner Y Y. Advanced visibility improvement based on polarization filtered images[C] //Proceedings of the SPIE-Polarization Science and Remote Sensing II, San Diego, 2005: 36-45.

[30] 张晓玲, 许炎, 王晓忠, 等. 基于薄雾偏振特性的图像融合方法[J]. 厦门大学学报(自然科学版), 2011, 50(3)：520-524.

[31] Mudge J, Virgen M. Real time polarimetric dehazing[J]. Applied Optics, 2013, 52(9): 1932-1938.

[32] 王勇, 薛模根, 黄勤超. 基于大气背景抑制的偏振去雾算法[J]. 计算机工程, 2009, 35(4)：271-275.

[33] Fang S, Xia X S, Xing H, et al. Image dehazing using polarization effects of objects and airlight[J]. Optics Express, 2014, 22(16): 19523-19537.

[34] Liu F, Shao X, Xu J, et al. Design of a circular polarization imager for contrast enhancement in rainy conditions[J]. Applied optics, 2016, 55(32): 9242.

[35] Han P, Liu F, Yang K, et al. Active underwater descattering and image recovery[J]. Applied optics, 2017, 56(23): 6631.

[36] Liu F, Cao L, Shao X P, et al. Polarimetric dehazing utilizing spatial frequency segregation of images[J]. Applied Optics, 2015, 54(27): 8116-8122.

[37] Liang J, Ren L Y, Ju H J, et al. Visibility enhancement of hazy images based on a universal polarimetric imaging method[J]. Journal of Applied Physics, 2014, 116(173107): 173107.

[38] Liang J, Ren L Y, Ju H J. et al. Polarimetric dehazing method for dense haze removal based on distribution analysis of angle of polarization[J]. Optics Express, 2015, 23(20): 26146-26157.

[39] Liang J, Ren L Y, Qu E S, et al. Method for enhancing visibility of hazy images based on polarimetric imaging[J]. Photonics Research, 2014, 2(1): 38-44.

[40] Zhang W F, Liang J, Ju H J, et al. A robust haze-removal scheme in polarimetric dehazing imaging based on automatic identification of sky region[J]. Optics & Laser Technology, 2016, 86: 145-151.

[41] Zhang W F, Liang J, Ren L Y, et al. Real-time image haze removal using an aperture-division polarimetric camera[J]. Applied Optics, 2017, 56(4): 942-947.

[42] Zhang W F, Liang J, Ren L Y, et al. Fast polarimetric dehazing method for visibility enhancement in HIS colour space[J]. Journal of Optics, 2017, 19(9): 095606.

[43] 夏璞, 刘学斌. 偏振光谱图像去雾技术研究[J]. 光谱学与光谱分析, 2017, 37(8): 2331-2338.

[44] Schechner Y Y, Karpel N. Recovery of underwater visibility and structure by polarization analysis[J]. IEEE Journal of Oceanic Engineering, 2005, 30(3): 570-587.

[45] Gu Y L, Carrizo C, Gilerson A A, et al. Polarimetric imaging and retrieval of target polarization characteristics in underwater environment[J]. Applied Optics, 2016, 55(3): 626-637.

[46] Dubreuil M, Delrot P, Leonard I, et al. Exploring underwater target detection by imaging polarimetry and correlation techniques[J]. Applied Optics, 2013, 52(5): 997-1005.

[47] 韩平丽, 刘飞, 张广, 等. 多尺度水下偏振成像方法[J]. 物理学报, 2018, 67(5): 54202.

[48] 卫毅, 刘飞, 杨奎, 等. 浅海被动水下偏振成像探测方法[J]. 物理学报, 2018, 67(18): 184202.

[49] 杨力铭, 梁建, 张文飞, 等. 基于非偏振光照明的水下偏振成像目标增强技术[J]. 光学学报, 2018, 38(6): 162-167.

[50] Yang L M, Liang J, Zhang W F, et al. Underwater polarimetric imaging for visibility enahancement utilizing active unpolarized illumination[J]. Optics Communications, 2019, 438: 96-101.

[51] Huang B J, Liu T G, Hu H F, et al. Underwater image recovery considering polarization effects of objects[J]. Optics Express, 2016, 24(9): 9826-9838.

[52] Hu H F, Zhao L, Huang B J, et al. Enhancing visibility of polarimetric underwater image by transmittance correction[J]. IEEE Photonics Journal, 2017, 9(3): 1-10.

[53] Hu H F, Zhao L, Li X B, et al. Underwater image recovery under the nonuniform optical field based on polarimetric imaging[J]. IEEE Photonics Journal, 2018, 10(1): 1-9.

[54] Wang H, Hu H F, Li X B, et al. Joint noise reduction for contrast enhancement in Stokes polarimetric imaging[J]. IEEE Photonics Journal, 2019, 11(2): 6901010.

[55] Li X B, Hu H F, Zhao L, et al. Pseudo-polarimetric method for dense haze removal[J]. IEEE Photonics Journal, 2019, 11(1): 6900611

[56] Hu H F, Zhao L, Li X B, et al. Polarimetric image recovery in turbid media empolying circularly polarized light[J]. Optics Express, 2018, 26(19): 25047-25059.

[57] Li X B, Hu H F, Zhao L, et al. Polarimetric image recovery method combining histogram stretching for underwater imaging[J]. Scientific Reports, 2018, 8(1): 1-10.

[58] He H H, Sun M H, Zeng N, et al. Mapping local orientation of aligned fibrous scatterers for cancerous tissues using backscattering Mueller matrix imaging[J]. Journal of Biomedical Optics, 2014, 19(10): 106007.

[59] Carmagnola F, Sanz J M, Saiz J M. Development of a Mueller matrix imaging system for detecting objects embedded in turbid media[J]. Journal of Quantitative Spectroscopy & Radiative Transfer, 2014, 146: 199-206.

[60] Kattawar G W, Rakovic M J. Virtures of Mueller imaging for underwater target detection[J]. Applied Optics, 1999, 38(30): 6431-6438.

[61] Kattawar G W, Gray D J. Mueller matrix imaging of targets in turbid media: Effect of the volume scattering function[J]. Applied Optics, 2003, 42(36): 7225-7230.

[62] Zhai P W, Kattawar G W, Yang P. Mueller matrix imaging of targets under an air-sea interface[J]. Applied Optics, 2009, 48(2): 250-260.

[63] 叶志杰, 柳逢春, 安鹏莉, 等. 基于米勒矩阵的水下成像技术[J]. 科学技术与工程, 2010, 10(29): 7118-7122.

[64] 杨蔚, 顾国华, 陈钱, 等. 穆勒矩阵图像的获取及处理[J]. 红外与激光工程, 2015, 44(12): 3831-3836.

[65] 闻东海, 江月松, 张绪国, 等. 激光偏振成像散斑统计特性和抑制方法研究[J]. 光学学报, 2013, 33(3): 129-136.

[66] 仇英辉, 刘建国, 魏庆农, 等. 浑浊介质中利用后向散射光偏振进行目标识别的研究[J]. 量子电子学报, 2003, 20(1): 80-84.

[67] Sun T, Liu Teng, He H H, et al. Distinguishing anisotropy orientations originated from scattering and birefringence of turbid media using Mueller matrix derived parameters[J]. Optics Letters, 2018, 43(17): 4092-4095.

[68] 王晔, 何宏辉, 曾楠, 等. 基于穆勒矩阵的偏振显微镜及其在生物医学领域的应用[J]. 世界复合医学, 2015, (1): 74-78.

[69] Li D Z, He H H, Zeng N, et al. Polarization imaging and scattering model of cancerous liver tissues[J]. Journal of Innovative Optical Health Sciences, 2013, 6(3): 1350025.

[70] Chen D S, Zeng N, Xie Q L, et al. Mueller matrix polarimetry for characterizing microstructural variation of nude mouse skin during tissue optical clearing[J]. Biomedical Optics Express, 2017, 8(8): 3559-3570.

[71] Dong Y, He H H, Sheng W, et al. A quantitative and non-contact technique to characterise microstructural variations of skin tissues during photo-damaging process based on Mueller matrix polarimetry[J]. Scientific Reports, 2017, 7(1): 14702.

[72] He H H, Zeng N, Li D Z, et al. Quantitative Mueller matrix polarimetry techniques for biological tissues[J]. Journal of Innovative Optical Health Sciences, 2012, 5(3): 1250017.

[73] Du E, He H H, Zeng N, et al. Characteristic features of Mueller matrix patterns for polarization scattering model of biological tissues[J]. Journal of Innovative Optical Health Sciences, 2014, 7(1): 1350028.

[74] Sun M H, He H H, Zeng N, et al. Characterizing the microstructures of biological tissues using Mueller matrix and transformed polarization parameters[J]. Biomedical Optics Express, 2014, 5(12): 4223-4234.

[75] He C, He H H, Li XP, et al. Quantitatively differentiating microstructures of tissues by frequency distributions of Mueller matrix images[J]. Journal of Biomedical Optics, 2015, 20(10): 105009.

[76] Chang J T, He H H, Wang Y, et al. Division of focal plane polarimeter-based 3×4 Mueller matrix microscope: Apotential tool for quick diagnosis of human carcinoma tissues[J]. Journal of Biomedical Optics, 2016, 21(5): 056002.

[77] Wang Y, He H H, Chang J T, et al. Mueller matrix microscope: A quantitative tool to facilitate detections and fibrosis scorings of liver cirrhosis and cancer tissues[J]. Journal of Biomedical Optics, 2016, 21(7): 071112.

[78] He H H, He C, Chang J T, et al. Monitoring microstructural variations of fresh skeletal muscle tissues by Mueller matrix imaging[J]. Journal of Biophotonics, 2016, 1-10.

[79] Dong Y, Qi J, He H H, et al. Quantitatively characterizing the microstructural features of breast ductal carcinoma tissues in different progression stages by Mueller matrix microscope[J]. Biomedical Optics Express, 2017, 8(8): 3643-3655.

[80] Liu T, Sun T, He H H, et al. Comparative study of the imaging contrasts of Mueller matrix derived parameters between transmission and backscattering polarimetry[J]. Biomedical Optics Express, 2018, 9(9): 4413-4428.

[81] Li X P, Liao R, Zhou J L, et al. Classification of morphologically similar algae and cyanobacteria using Mueller matrix imaging and convolutional neural networks[J]. Applied Optics, 2017, 56(23): 6520-6530.

[82] Aiello A, Woerdman J P. Physical bounds to the entropy-depolarization relation in random light scattering[J]. Physical Review Letters, 2005, 94: 904069.

[83] Tariq A, Li P, Chen Det al. Physically realizable space for the purity-depolarization plane for polarized light scattering media[J]. Physical Review Letters, 2017, 119(3): 33202.

[84] Puentes G, Voigt D, Aiello A, et al. Experimental observation of universality in depolarized light scattering[J]. Optics Letters, 2005, 30(23): 3216-3218.

[85] Chenault D B, Pezzaniti J L. Polarization imaging through scattering media[C]//Proceedings of the SPIE-Polarization Analysis, Measurement, and Remote Sensing III, San Diego, 2000: 124-133.

[86] Giakos G C, Sukumar S, Valluru K, et al. Increased visibility of targets submerged in scattering opaque media and polarimetric techniques[J]. IEEE Transactions on Instrumentation and Measurement, 2008, 57(12): 2777-2781.

[87] Giakos G C, Paturi S A, Valluru K, et al. Efficient molecular imaging techniques using optically active molecules[J]. IEEE Transactions on Instrumentation and Measurement, 2010, 59(11): 2877-2886.

[88] Chang P C Y, Flitton J C, Hopcraft K I, et al. Improving visibility depth in passive underwater imaging by use of polarization[J]. Applied Optics, 2003, 42(15): 2794-2803.

[89] Jacques S L, Roman J R, Lee K. Imaging skin pathology with polarized light[J]. Journal of

Biomedical Optics, 2002, 7(3): 329-340.

[90] Shao H R, He Y H, Li W, et al. Polarization-degree imaging contrast in turbid media: a quantitative study[J]. Applied Optics, 2006, 45(18): 4491-4496.

[91] 栾江峰, 刘广博, 肖军, 等. 基于彩色图像偏振度的目标识别技术研究[J]. 北京师范大学学报(自然科学版), 2014, (3): 269-271.

[92] 邹彤, 黄丹飞, 王惠敏, 等. 基于生物组织偏振特性的肝癌检测方法[J]. 科学技术与工程, 2018, 18(7): 91-95.

[93] Šormaz M, Jenny P. Contrast improvement by selecting ballistic-photons using polarization gating[J]. Optics Express, 2010, 18(23): 23746.

[94] MacKintosh F C, Zhu J X, Pine D J, et al. Polarization memory of multiply scattered light[J]. Physical Review B Condensed Matter, 1989, 40(13): 9342-9345.

[95] Avci E, Macdonald C M, Meglinski I. Helicity of circular polarized light backscattered from biological tissues influenced by optical clearing[C]//Proceedings of the SPIE-Saratov Fall Meeting 2011: Optical Technologies in Biophysics and Medicine XIII, Saratov, 2012: 833703.

[96] Gilbert G D, Pernicka J C. Improvement of underwater visibility by reduction of backscatter with a circular polarization technique[J]. Applied Optics, 1967, 6(4): 741.

[97] Lewis G D, Jordan D L, Roberts P J. Backscattering target detection in a turbid medium by polarization discrimination[J]. Applied Optics, 1999, 38(18): 3937-3944.

[98] Ni X H, Alfano R R. Time-resolved backscattering of circularly and linearly polarized light in a turbid medium[J]. Optics Letters, 2004, 29(23): 2773-2775.

[99] Kartazayeva S A, Ni X H, Alfano R R. Backscattering target detection in a turbid medium by use of circularly and linearly polarized light[J]. Optics Letters, 2005, 30(10): 1168-1170.

[100] Nothdurft R, Yao G. Expression of target optical properties in subsurface polarization-gated imaging[J]. Optics Express, 2005, 13(11): 4185-4195.

[101] Nothdurft R, Yao G. Applying the polarization memory effect in polarization-gated subsurface imaging[J]. Optics Express, 2006, 14(11): 4656-4661.

[102] Demos S G, Radousky H B, Alfano R R. Deep subsurface imaging in tissues using spectral and polarization filtering[J]. Optics Express, 2000, 7(1): 23-28.

[103] Anderson R R. Polarized light examination and photography of the skin[J]. Archives of Dermatology, 1991, 127(7): 1000-1005.

[104] Shukla P, Sumathi R, Gupta S, et al. Influence of size parameter and refractive index of the scatterer on polarization-gated optical imaging through turbid media[J]. Journal of the Optical Society of America A: Optics, Image Science, and Vision, 2007, 24(6): 1704-1713.

[105] Shukla P, Pradhan A. Polarization-gated imaging in tissue phantoms: effect of size distribution[J]. Applied Optics, 2009, 48(32): 6099-6104.

[106] Gan X, Schilders S P, Gu M. Image enhancement through turbid media under a microscope by use of polarization gating methods[J]. Journal of the Optical Society of America A: Optics, Image Science, and Vision, 1999, 16(9): 2177-2184.

[107] Lizana A, van Eeckhout A, Adamczyk K, et al. Polarization gating based on Mueller matrices[J]. Journal of Biomedical Optics, 2017, 22(5): 56004.

[108] 刘文清, 曹念文, 赵刚, 等. 水下物体的激光偏振成像研究[J]. 量子电子学报, 1997, 14(6)：520-526.

[109] 曹念文, 刘文清, 张玉均, 等. 水下物体激光圆偏振成象实验及与线偏振成象的比较[J]. 光子学报, 1998, 27(6)：89-93.

[110] 曹念文, 刘文清, 张玉钧. 偏振成像技术提高成像清晰度、成像距离的定量研究[J]. 物理学报, 2000, 49(1)：61-66.

[111] 曹念文, 刘文清, 张玉钧, 等. 水下目标圆偏振成像及最远成像距离的计算[J]. 中国激光, 2000, 27(2)：55-59.

[112] Walker J G, Chang P C, Hopcraft K I. Visibility depth improvement in active polarization imaging in scattering media[J]. Applied Optics, 2000, 39(27): 4933-4941.

[113] Miller D A, Dereniak E L. Selective polarization imager for contrast enhancements in remote scattering media[J]. Applied Optics, 2012, 51(18): 4092-4102.

[114] Demos S G, Alfano R R. Optical polarization imaging[J]. Applied Optics, 1997, 36(1): 150-155.

[115] Rowe M P, Pugh E N, Tyo J S, et al. Polarization-difference imaging: a biologically inspired technique for observation through scattering media[J]. Optics Letters, 1995, 20(6): 608-610.

[116] Tyo J S, Rowe M P, Pugh E N, et al. Target detection in optically scattering media by polarization-difference imaging[J]. Applied Optics, 1996, 35(11): 1855-1870.

[117] Mehrubeoglu M, Kehtarnavaz N, Rastegar S, et al. Effect of molecular concentrations in tissu-simulating phantoms on images obtained using diffuse reflectance polarimetry[J]. Optics Express, 1998, 3(7): 286-297.

[118] 王海晏, 杨廷梧, 安毓英. 激光水下偏振特性用于目标图像探测[J]. 光子学报, 2003, 32(1)：9-13.

[119] Zeng N, Jiang X Y, Gao Q, et al. Linear polarization difference imaging and its potential applications[J]. Applied Optics, 2009, 48(35): 6734-6739.

[120] 刘璐, 李斌康, 杨少华, 等. 烟雾环境下的偏振差成像方法[J]. 强激光与粒子束, 2015, 27(6)：64-68.

[121] Ren W, Guan J G. Investigation on principle of polarization-difference imaging in turbid conditions[J]. Optics Communications, 2018, 413: 30-38.

[122] Guan J G, Cheng Y Y, Chang G L. Time-domain polarization difference imaging of objects in turbid water[J]. Optics Communications, 2017, 391: 82-87.

[123] Zhu Y C, Shi J H, Yang Y, et al. Polarization difference ghost imaging[J]. Applied Optics, 2015, 54(6), 1279-1284.

[124] Tyo J S. Enhancement of the point-spread function for imaging in scattering media by use of polarization-difference imaging[J]. Journal of the Optical Society of America A: Optics, Image Science, and Vision, 2000, 17(1): 1-10.

[125] Demos S G, Radousky H B, Alfano R R. Subsurface imaging using the spectral polarization difference technique and NIR illumination[C]//Proceedings of the S PIE-BiOS'99 International Biomedical Optics Symposium, San Jose, 1999: 1-14.

[126] Swartz B A, Cummings J D. Laser range-gated underwater imaging including polarization

discrimination[C]//Proceedings of the S PIE-Underwater Imaging, Photography, and Visibility, San Diego, 1991: 42-56.

[127] 秦琳, 陈名松, 阙斐一. 基于距离选通的水下偏振光学系统的研究[J]. 电子设计工程, 2011, 19(7)：184-186.

[128] Guan J G, Zhu J P, Tian H, et al. Polarimetric laser range-gated underwater imaging[J]. Chinese Physics Letter, 2015,(7): 54-58.

[129] Guan J G, Zhu J P. Target detection in turbid medium using polarization-based range-gated technology[J]. Optics Express, 2013, 21(12): 14152-14158.

[130] 田恒, 朱京平, 张云尧, 等. 浑浊介质中图像对比度与成像方式的关系[J]. 物理学报, 2016, 65(8)：127-133.

[131] Wang L H, Jacques S L, Zheng L Q. MCML-Monte Carlo modeling of light transport in multi-layered tissues[J]. Computer Methods and Programs in Biomedicine, 1995,(47): 131-146.

[132] Schmitt J M, Gandjbakhche A H, Bonner R F. Use of polarized light to discriminate short-path photons in a multiply scattering medium[J]. Applied Optics, 1992, 31(30): 6535-6546.

[133] Bartel S, Hielscher A H. Monte Carlo simulations of the diffuse backscattering Mueller matrix for highly scattering media[J]. Applied Optics, 2000, 39(10): 1580-1588.

[134] Akarcay G H, Hohmann A, Kienle A, et al. Monte Carlo modeling of polarized light propagation: Stokes vs. Jones. Part I[J]. Applied Optics, 2014, 53(31): 7576-7585.

[135] Akarcay G H, Hohmann A, Kienle A, et al. Monte Carlo modeling of polarized light propagation: Stokes vs. Jones. Part II[J]. Applied Optics, 2014, 53(31): 7586-7602.

[136] Ramella-Roman J C, Prahl S A, Jacques S L. Three Monte Carlo programs of polarized light transport into scattering media: Part I[J]. Optics Express, 2005, 13(12): 4420-4438.

[137] Kattawar G W, Adams C N. Stokes vector calculations of the submarine light field in an atmosphere-ocean with scattering according to a Rayleigh phase matrix: Effect of interface refractive index on radiance and polarization[J]. Limnology & Oceanography, 1989, 34(8): 1453-1472.

[138] Benoit D M, Clary D C. Quaternion formulation of diffusion quantum Monte Carlo for the rotation of rigid molecules in clusters[J]. The Journal of Chemical Physics, 2000, 113(13): 5193-5202.

[139] 付强, 战俊彤, 张肃, 等. 浑浊介质对偏振传输特性及成像的影响[J]. 现代工业经济和信息化, 2014, 4(18): 63-64.

[140] Tian H, Zhu J P, Tan S W, et al. Influence of the particle size on polarization-based range-gated imaging in turbid media[J]. AIP Advances, 2017, 7(9): 95310.

[141] Fang Q Q, Boas D A. Monte Carlo simulation of photon migration in 3D turbid media accelerated by graphics processing units[J]. Optics Express, 2009, 17(22): 20178-20190.

[142] Jaillon F, Saint-Jalmes H. Description and time reduction of a Monte Carlo code to simulate propagation of polarized light through scattering media[J]. Applied Optics, 2003, 42(16): 3290-3296.

[143] Yao G, Wang L H V. Time-resolved polarization imaging: Monte Carlo simulation[C]// Proceedings of the S PIE-The International Symposium on Biomedical Optics, Laser-Tissue

Interaction XII: Photochemical, Photothermal, and Photomechanical, San Jose, 2001: 101-109.

[144] Wang X D, Wang L H V. Propagation of polarized light in birefringent turbid media: A Monte Carlo study[J]. Journal of Biomedical Optics, 2002, 7(3): 279-290.

[145] Yao G. Different optical Polarization imaging in turbid media with different embedded objects[J]. Optics Communications, 2004, 241(4-6): 255-261.

[146] Wood M F G, Guo X X, Vitkin I A. Polarized light propagation in multiply scattering media exhibiting both linear birefringence and optical activity: Monte Carlo model and experimental methodology[J]. Journal of Biomedical Optics, 2007, 12(1): 14029.

[147] Guo X X, Wood M F G, Vitkin I A. A Monte Carlo study of penetration depth and sampling volume of polarized light in turbid media[J]. Optics Communications, 2008, 281(3): 380-387.

[148] Sawicki J, Kastor N, Xu M. Electric field Monte Carlo simulation of coherent backscattering of polarized light by a turbid medium containing Mie scatterers[J]. Optics Express, 2008, 16(8): 5728-5738.

[149] van der Laan J D, Wright J B, Scrymgeour D A, et al. Evolution of circular and linear polarization in scattering environments[J]. Optics Express, 2015, 23(25): 31874-31888.

[150] Ortega-Quijano N, Fanjul-Vélez F, Salas-García I, et al. Polarized light Monte Carlo analysis of birefringence-induced depolarization in biological tissues[C]//Medical Laser Applications and Laser-Tissue Interactions VI, Munich, 2013: 88030T.

[151] Otsuki S. Multiple scattering of polarized light in turbid birefringent media: A Monte Carlo simulation[J]. Applied Optics, 2016, 55(21): 5652-5664.

[152] Ghatrehsamani S, Town G. Propagation of polarized waves through bounded composite materials[J]. Applied Optics, 2017, 56(4): 952-957.

[153] 鞠栅, 邓勇, 骆清铭, 等. 浅表组织后向散射检测中偏振门的蒙特卡罗研究[J]. 光学学报, 2007, 27(8): 1465-1469.

[154] 王凌, 徐之海, 冯华君. 多分散高浓度介质偏振光后向扩散散射的 Monte Carlo 仿真[J]. 物理学报, 2005, 54(6): 2694-2698.

[155] 王淑萍. 偏振光在散射介质中传输特性及其成像应用[D]. 福州: 福建师范大学, 2004.

[156] 李伟, 何永红, 马辉. 偏振门用于对散射介质成像的蒙特卡罗模拟研究[J]. 光子学报, 2008, 37(3): 518-522.

[157] Yun T L, Zeng N, Li W, et al. Monte Carlo simulation of polarized photon scattering in anisotropic media[J]. Optics Express, 2009, 17(19): 16590-16602.

[158] 卫沛锋, 赵永强, 梁彦, 等. 偏振光在多层散射介质中传输的蒙特卡罗模拟研究[J]. 光子学报, 2009, 38(10): 2634-2639.

[159] 张华伟. 偏振光蒙特卡罗大气传输模型及其应用研究[D]. 长沙: 国防科学技术大学, 2010.

[160] 栾江峰, 袁剑锋, 黄卢记, 等. 基于背向偏振散射光的层状病变无损定位诊断研究[J]. 北京师范大学学报(自然科学版), 2012, 48(2): 142-145.

[161] Shen F, Zhang B M, Guo K, et al. The depolarization performances of the polarized light in different scattering media systems[J]. IEEE Photonics Journal, 2018, 10(2): 1-12.

[162] Shen F, Wang K P, Tao Q Q, et al. Polarization imaging performances based on different retrieving Mueller matrixes[J]. Optik, 2018, (153): 50-57.

[163] Tao Q Q, Sun Y X, Shen F, et al. Active imaging with the aids of polarization retrieve in turbid media system[J]. Optics Communications, 2016, 359: 405-410.

[164] Zhang Y, Chen B, Li D. Propagation of polarized light in the biological tissue: A numerical study by polarized geometric Monte Carlo method[J]. Applied Optics, 2016, 55(10): 2681-2691.

[165] Yao G. Differential optical polarization imaging in turbid media with different embedded objects[J]. Optics Communications, 2004, 241(4-6): 255-261.

[166] Bicout D, Brosseau C, Martinez A S, et al. Depolarization of multiply scattered waves by spherical diffusers: Influence of the size parameter[J]. Physical Review E, 1994, 49(2): 1767-1770.

[167] Mehrübeoğlu M, Kehtarnavaz N, Bastegar S, et al. Effect of molecular concentrations in tissue-simulating phantoms on images obtained using diffuse reflectance polarimetry[J]. Optics Express, 1998, 3(7): 286-297.

[168] 戴俊, 高隽, 范之国. 线偏振光与圆偏振光后向散射偏振保持能力[J]. 中国激光, 2017, 44(5): 190-199.

[169] Nothdurft R E, Yao G. Effects of turbid media optical properties on object visibility in subsurface polarization imaging[J]. Applied Optics, 2006, 45(22): 5532-5541.

[170] Kobayashi K. High-resolution cross-sectional imaging of the gastrointestinal tract using optical coherence tomography: Preliminary results[J]. Gastrointest Endosc, 1998, 47(6) : 515-523.

[171] 李小川. 蓝绿激光在海水中的散射特性及其退偏研究[D]. 成都: 电子科技大学, 2006.

[172] Hee M R, Izatt J A, Jacobson J M, et al. Time-gated imaging with femtosecond transillumination optical coherence tomography[C]//Photon Migration and Imaging in Random Media and Tissues, International Society for Optics and Photonics, Los Angeles, 1993: 28-37.

[173] Gruev V, Perkins R, York T. CCD polarization imaging sensor with aluminum nanowire optical filters[J]. Optics Express, 2010, 18(18): 19087-19094.

[174] Hsu W L, Myhre G, Balakrishnan K, et al. Full-Stokes imaging polarimeter using an array of elliptical polarizer[J]. Optics Express, 2014, 22(3): 3063-3074.

[175] Yu M X, Liu T G, Huang H S, et al. Multispectral Stokes imaging polarimetry based on color CCD[J]. IEEE Photonics Journal, 2016, 8(5): 1-10.

[176] Perreault J D. Triple Wollaston-prism complete-Stokes imaging polarimeter[J]. Optics Letters, 2013, 38(19): 3874-3877.

[177] Liang X, Wang L, Ho P P, et al. Time-resolved polarization shadowgrams in turbid media[J]. Applied Optics, 1997, 36(13): 2984-2989.

[178] Shao H R, He Y H, Li W, et al. Polarization-degree imaging contrast in turbid media: A quantitative study[J]. Applied Optics, 2006, 45(18): 4491-4498.

[179] van Staveren H J, Moes C J M, van Marie J, et al. Light scattering in intralipid-10% in the wavelength range of 400-1100nm[J]. Applied Optics, 1991, 30(31): 4507-4514.

[180] Ghosh N, Wood M F G, Vitkin I A. Polarimetry in turbid, birefringent, optically active media: A Monte Carlo study of Mueller matrix decomposition in the backscattering geometry[J]. Journal of Applied Physics, 2009, 105(10): 102023.

[181] Ghosh N, Wood M F G, Vitkin I A. Influence of the order of the constituent basis matrices on the Mueller matrix decomposition-derived polarization parameters in complex turbid media such as biological tissues[J]. Optics Communications, 2010, 283(6): 1200-1208.

[182] Doronin A, Macdonald C, Meglinski I. Propagation of coherent polarized light in turbid highly scattering medium[J]. Journal of Biomedical Optics, 2014, 19(2) : 25005.

[183] Yoo K M, Liu F, Alfano R R. Imaging through a scattering wall using absorption[J]. Optics Letters, 1991, 16(14) : 1068-1070.

[184] Contini D, Liszka H, Sassaroli A, et al. Imaging of highly turbid media by the absorption method[J]. Applied Optics, 1996, 35(13) : 2315-2324.

[185] Shi D, Hu S, Wang Y. Polarimetric ghost imaging[J]. Optics Letters, 2014, 39(5) : 1231-1234.

[186] Cameron D A, Pugh E N. Double cones as a basis for a new type of polarization vision in vertebrates[J]. Nature, 1991, 353(6340): 161-164.

[187] Swami M K, Manhas S, Patel H, et al. Mueller matrix measurements on absorbing turbid medium[J]. Applied Optics, 2010, 49(18): 3458-3464.

[188] Goldstein D. Polarized Light, Revised and Expanded[M]. New York: Marcel Dekker, 2003.

[189] Côté D, Vitkin I A. Robust concentration determination of optically active molecules in turbid media with validated three-dimensional polarization sensitive Monte Carlo calculations[J]. Optics Express, 2005, 13(1): 148-163.

[190] Wang X D, Wang L H V. Propagation of polarized light in birefringent turbid media: Time-resolved simulations[J]. Optics Express, 2001, 9(5): 254-259.

[191] 莫春和, 段锦, 付强, 等. 国外偏振成像军事应用的研究进展(下)[J]. 红外技术, 2014, 36(4) : 265-270.

[192] 李晖, 谢树森, 陆祖康, 等. 生物组织的可见光与近红外光散射模型[J]. 光学学报, 1999, 19(12): 1661-1666.

[193] Ghosh N, Patel H S, Gupta P K. Depolarization of light in tissue phantoms-effect of a distribution in the size of scatterers[J]. Optics Express, 2003, 11(18): 2198-2205.

[194] Ortega-Quijano N, Fanjul-Vélez F, Arce-Diego J L. Polarimetric study of birefringent turbid media with three-dimensional optic axis orientation[J]. Biomedical Optics Express, 2014, 5(1): 287-292.

[195] Alali S, Wang Y T, Vitkin I A. Detecting axial heterogeneity of birefringence in layered turbid media using polarized light imaging[J]. Biomed Opt Express, 2012, 3(12): 3250-3263.

[196] Tuchin V V. Polarized light interaction with tissues[J]. Journal of Biomedical Optics, 2016, 21(7): 071114.

[197] Bettelheim F A. On the optical anisotropy of lens fiber cells[J]. Experimental Eye Research, 1975, 21: 231-234.

[198] Xu M, Alfano R R. Circular polarization memory of light[J]. Physical Review E, 2005, 72: 656.